マンガでわかる

電池

藤瀧　和弘・佐藤　祐一／共著
真西　まり／作画
トレンド・プロ／制作

Ohmsha

はじめに

1800年、イタリアのボルタによって、いわゆるボルタの電堆が発明されて以来、210余年が経過し、多くの電池が現れては消えていきました。この間、1990年にニッケル・水素二次電池が、1991年にはリチウムイオン二次電池が、世界に先駆け日本から商品化されました。現在、わが国では10種以上の電池が市販されており、電池王国と言ってもよいでしょう。

現代社会において、各種携帯機器は日常生活の必需品となっています。その縁の下の力持ちとして、電池は大活躍しているのです。また、停電時におけるビルの非常用電源、コンピュータの維持電源、新幹線をはじめとする電車、飛行機、船舶等、普段目に触れることのない分野でも電池が大活躍しています。特に、携帯電話、ノート型パソコンにはリチウムイオン二次電池が使われており、情報化社会を支えているといっても過言ではありません。このリチウムイオン二次電池はさらに大型化され、ハイブリッド自動車、電気自動車用、あるいは太陽電池、風力によって発電された電力、あるいは夜間の余剰電力貯蔵用に広く使われようとしています。

このように身近で使われる電池ですが、普段、私たちは電池の中身やしくみについてほとんど見ることはありません。手軽に入手できる電池も、使い方を誤れば寿命を短くしたり、発火や火傷するなどの危険があります。また、個々の電池の特性を知って上手に使えば長持ちさせることもできます。

そこで、電池に興味を持っていらっしゃる多くの方に電池の中身を知っていただきたく、本書が企画されました。できるだけやさしく、なおかつ、化学式の苦手な方でも理解いただきやすいようにマンガ仕立てとし、それだけでは補いきれないやや専門的な内容はフォローアップ欄を設けて述べました。本書を通して読者の皆様が一層、電池に興味を持ち、電池を正しく理解して頂ければ幸いです。

最後に、本書の制作にあたり、魅力的なキャラクターを創造して、作画を担当された真西まり様、制作を担当された株式会社トレンド・プロの皆様にお礼申し上げます。また、私たちに執筆の機会を与えて下さった株式会社オーム社開発部の皆様にもお礼申し上げます。

2012年３月

藤瀧　和弘・佐藤　祐一

目次

プロローグ　1

第1章　電池の基礎　11

1.1　身近にある電池と用途 …… 12
1.2　電池の分類 …… 19
1.3　電池をつくろう …… 22
1.4　電池の歴史 …… 25

フォローアップ

・電池の安全な使い方 …… 45
・使用済み電池の廃棄とリサイクル …… 48

第2章　一次電池　51

2.1　一次電池とは …… 52
2.2　一次電池の種類と特徴 …… 55
2.3　一次電池の規格 …… 70

フォローアップ

・電池の自己放電と使用推奨期限 …… 73
・保存方法と温度による使用時間 …… 73
・乾電池の無水銀化 …… 74

第3章 二次電池 75

3.1 二次電池とは 76
3.2 二次電池の種類と特徴 80
3.3 二次電池の規格 98
フォローアップ
・二次電池の寿命と劣化 100
・過充電と過放電とは 100
・メモリー効果 101
・リチウムイオン電池の安全性 102
・電気自動車と制御 105
・温度によって変わる使用時間（放電時間） 109
・宇宙衛星と電池 110

第4章 燃料電池 111

4.1 電気分解と燃料電池 112
4.2 燃料電池の種類と特徴 122
フォローアップ
・燃料電池と白金 127
・水素ガス 128
・電極製造技術 129
・三相界面の保持 130

第５章　物理電池　131

5.1　太陽電池 ……………… 132

5.2　熱起電力電池のしくみ ……………… 143

5.3　電気二重層キャパシタ ……………… 149

フォローアップ

・家庭でつくった電力を売る ……………… 157

・宇宙のソーラーパネルとミウラ折り ……………… 161

・原子力電池 ……………… 165

エピローグ ……………… **167**

付録 ……………… **173**

索引 ……………… **188**

プロローグ

ザザー…
バシャ
バシャ
あ！
もう
急に降ってくるなんて～！
あそこで雨宿り
させてもらおうよ！

ピュッ
ちょっと！
あそこって…
電気博物館
ビク
ここって噂のオバケ屋敷じゃない…？
ビク
そうなの？
別に普通のお宅って感じがするけどな
フヒー

キャー!!
そもそもここら辺って
人気がなくて
不気味だし…
オロ
オロ
あんたが
鈍感すぎるのよ！
バカ！
くっついてこないでよ！
いや…
くっついてきたのは
そっちなんだけど…
キィィ
扉空いてるみたいだよ
雨
やみそうにないし
少し中で待たせて
もらおうよ！
あれっ
キィィ

誰かいませんか～？
何いってんのよ!?
ギィィ
ちょ
ちょっと！
何これ…？

バタン
キャー!!
いらっしゃいませ
スー
ひゃっ!
ニコッ
あ
すみません!
勝手にお邪魔
しちゃって…
ドキ
ドキ
いえいえ
久しぶりのお客さん
だから嬉しいわ
あの
ごめんなさい
違うんです

ザー
外がひどい雨で雨宿りさせてもらいたくて…
あらあら…
せっかくお客さんが入ったと思ったのに
お客さんってここはお店なんですか？
お店じゃなくて
ここは「電池博物館」よ
電池博物館？
電池って知らない？

いえ
さすがに電池は
知ってますけど…
パァァァ
面白そう！
え!?
ススムって
電池が好きなの？
電池が好きっていうか
機械いじりが好きだからさ
機械には
電池を使う物も
多いものね
この博物館では
いろいろな種類の
電池の展示や
電池のしくみを
紹介しているの

へー
そんな博物館があったなんて知らなかったよ
あなたたちがお客さんだったら今月の目標人数達成だったのに
しゃん…
え？そうだったんですか？
ええ
目標人数の35人が達成だったのに
でんっ
目標 35人
来客ノート♡
目標低いですね…
ペラッ
そのうち30人くらいは私なんだけどね
7月来客名簿
お客さん全然来てないじゃないですか！

そうなの…
だから
くすん
話し相手もいなくて
寂しいの
電池に興味が
あるなら
明日も来てくれない？
それじゃあ
またお邪魔
しようかな
ドキ
ガッ
痛ッ！
何デレデレ
してんのよ！
別にデレデレ
してないだろ
雨宿りさせてもらった
お礼みたいなもんだよ
ふふ
ありがとう

第 1 章

電池の基礎

1.1 身近にある電池と用途

こんにちはー
いらっしゃい
本当に来てくれたのね
嬉しいわ
パタ
パタ
約束しましたから
かわいい女の子との
約束は守るよね
なんだよ
さっきから
別にー
プイ
ふふ
仲がいい
みたいね
わたしはこの
電池博物館の館長の
池電つぐみ
よろしくね

館長？
そうよ
ここの館長
父が亡くなってから
ここを引き継いだの
あなたたち
高校生でしょ？
でも、わたしたちとほとんど
年齢は変わらないんじゃ…
そうかしら
わたしもう
25歳なんだけど
絶対に高校生くらい
だと思ってた…
あなたたちの名前を
教えてくれる？
僕は
伊座ススムです
わたしは
牡丹ユリです

ススム君に
ユリちゃんね
せっかくだからここで
電池を楽しんでいってね
電池を
楽しむって…
DENCHI
電池ってあの
筒みたいなやつ
ですよね
ユリちゃんが言ってるのは
マンガン乾電池とか
アルカリ乾電池のことかしら
確かに、わたしたちの
身近で使われている
電池ね
懐中電灯や
テレビのリモコン
それに
おもちゃなんかにも
使われていますよね
そうね
でも他にもいろいろな
ものがあるのよ
たとえば
携帯電話やノートパソコン・
デジタルカメラには充電して
くり返し使えるリチウムイオン電池
が使われてることが多いの

そういえば
四角い電池が
入ってるな〜…
わたし
丸い電池も
見たことあります
ボタン電池
コイン電池
腕時計には
酸化銀電池とかの
ボタン電池
リチウム電池とかの
コイン電池などは
丸いわね
ハイブリッド自動車
他にも、自動車の
エンジン始動には鉛蓄電池が
使われているし
ハイブリッド自動車には
ニッケル・水素二次電池が
使われているわね
電気自動車には
大型のリチウムイオン電池
が使われようとしているわ

まだ他にも
電池はあるわよ
太陽電池は計算機
なんかに使われているわね
太陽電池でも
家の屋根に取り付けるタイプ
のもあるわよね
それに
これからは太陽電池で
昼間つくった電気を
充電しておく据え置き型の
リチウムイオン電池が
使われようとしているわ※
※リチウムイオン電池の安全性試験に関する規則がつくられた（JIS C 8714）。
電池といっても
太陽電池みたいに
電気をためておけない
ものもあるのね
最近では
家庭用の燃料電池も
実用化されているの
電池って僕らの生活に
欠かせないもの
なんですね
そうよ
電池の大切さを
わかってもらえた？

電池って
いろんなものが
あったんだなぁ〜
ボタン電池
そもそも何をもって
電池というのかわからなく
なってきちゃう…
科学的に説明するなら
電池とは
『化学反応や物理的
エネルギーを利用して
直接電気をつくり出す装置』
という感じかしら
わかるような
わからないような…
こっちに来て
具体的に
説明するから

1.2　電池の分類

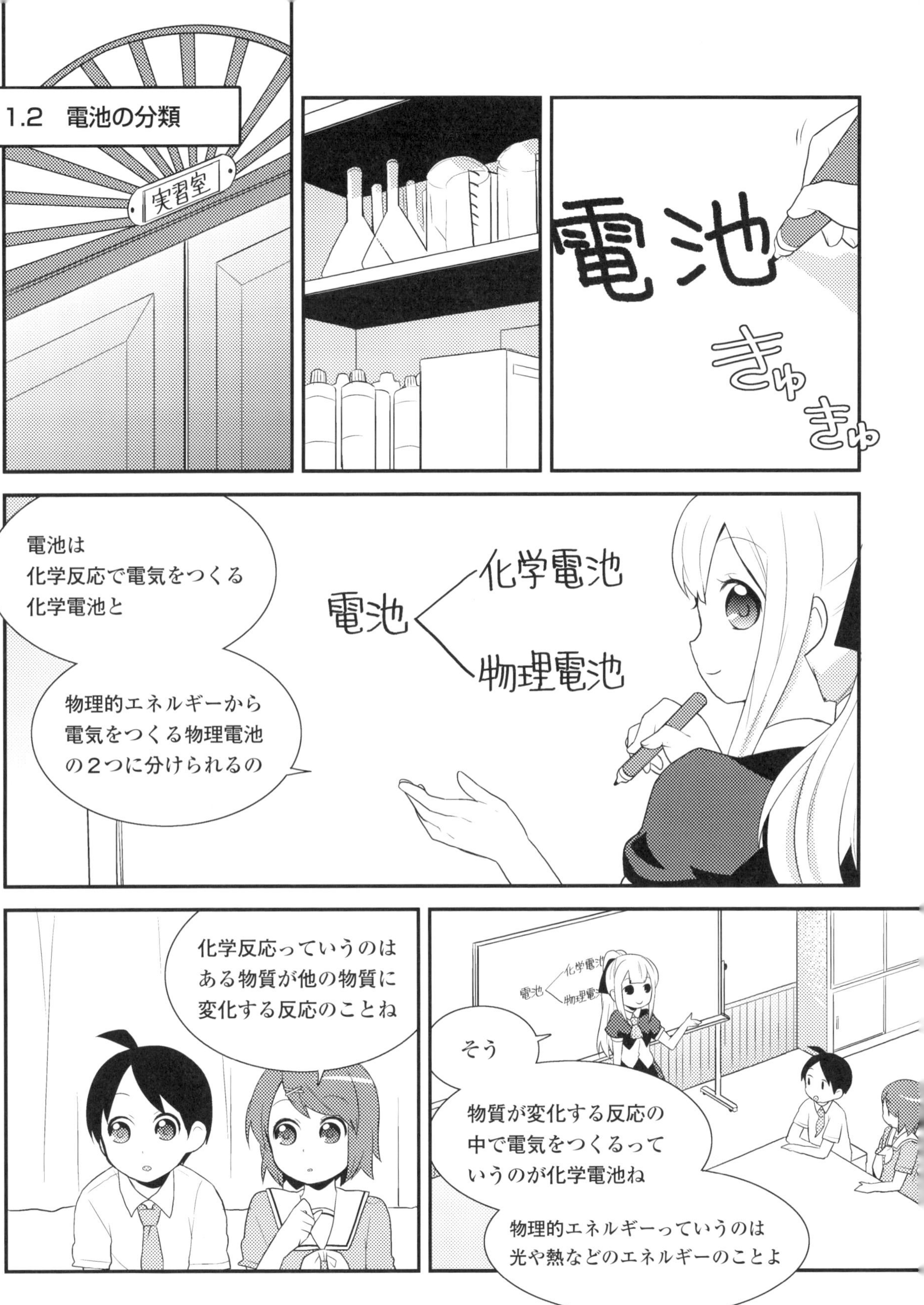
実習室
電池
きゅ きゅ
電池は化学反応で電気をつくる化学電池と
物理的エネルギーから電気をつくる物理電池の２つに分けられるの
電池
化学電池
物理電池
化学反応っていうのはある物質が他の物質に変化する反応のことね
そう
物質が変化する反応の中で電気をつくるっていうのが化学電池ね
物理的エネルギーっていうのは光や熱などのエネルギーのことよ

化学電池と物理電池にもこのようにいろいろなものがあるわ
電池
化学電池
一次電池
二次電池
燃料電池
物理電池
太陽電池
熱起電力電池※
原子力電池
※熱電池とも言う。
化学電池には放電してしまうと再利用することのできない一次電池
一次電池
充電すれば何回でも使える二次電池
二次電池
化学反応を起こす物質を供給すれば電気をつくることのできる燃料電池
燃料電池
の３種類に分けられるの
化学電池はくり返し使えるか１回しか使えないか
というところで分けられているんですね
そうよ

物理電池は
光エネルギーを受けて電気をつくる太陽電池
太陽電池
熱電変換素子
熱エネルギーから電気をつくる熱起電力電池
原子力エネルギーから電気をつくる原子力電池
があるわ
こっちはどんな物理的エネルギーから電気をつくるかで分けているんですね
電池
化学電池
一次電池
二次電池
燃料電池
物理電池
太陽電池
熱起電力電池
原子力電池
どう？電池がどんなものかなんとなくわかったかしら？
うーん なんとなくは…
せっかくだから電池をつくってみない？

1.3 電池をつくろう

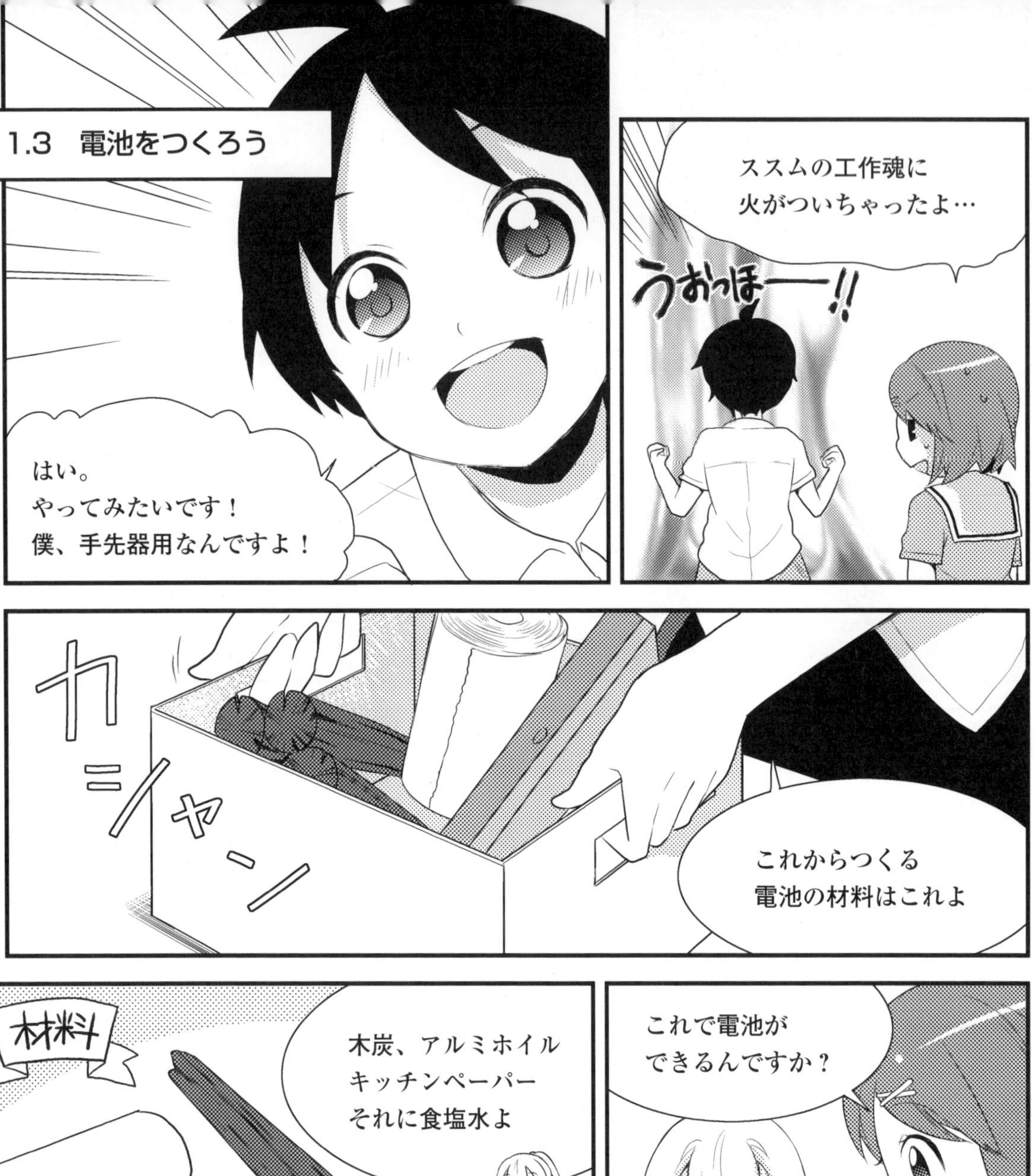
はい。
やってみたいです！
僕、手先器用なんですよ！
ススムの工作魂に
火がついちゃったよ…
うおっほー‼
カ
ニャーン
これからつくる
電池の材料はこれよ

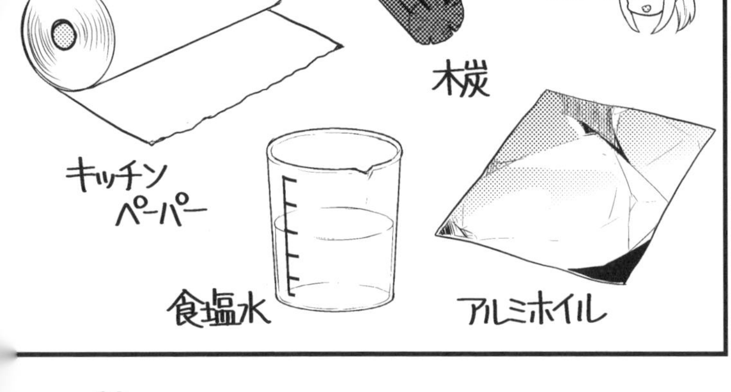
材料
木炭、アルミホイル
キッチンペーパー
それに食塩水よ
木炭
キッチン
ペーパー
食塩水
アルミホイル

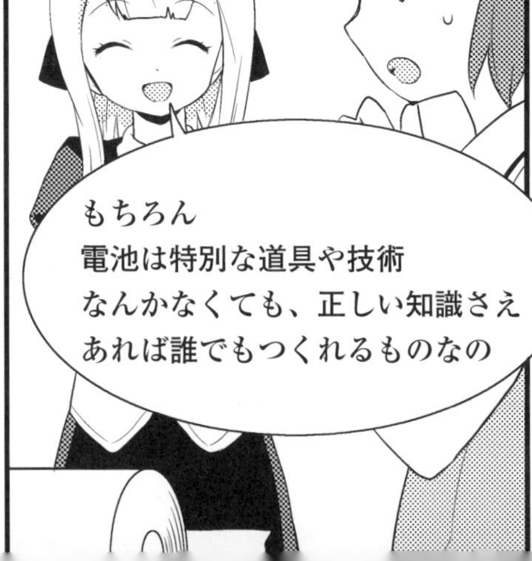
これで電池が
できるんですか？
もちろん
電池は特別な道具や技術
なんかなくても、正しい知識さえ
あれば誰でもつくれるものなの

こんな材料で
どうやって
つくるんですか？
？
まず
キッチンペーパーに
食塩水を染みこませる
食塩水
次に
そのキッチンペーパーを
木炭に巻きつける
くる　くる
アルミホイル
キッチンペーパー
次に
キッチンペーパーの上から
アルミホイルを巻きつける
このときにアルミホイルと木炭が
直接触れないように注意してね
はい
これで完成
木炭
キッチンペーパー
アルミホイル

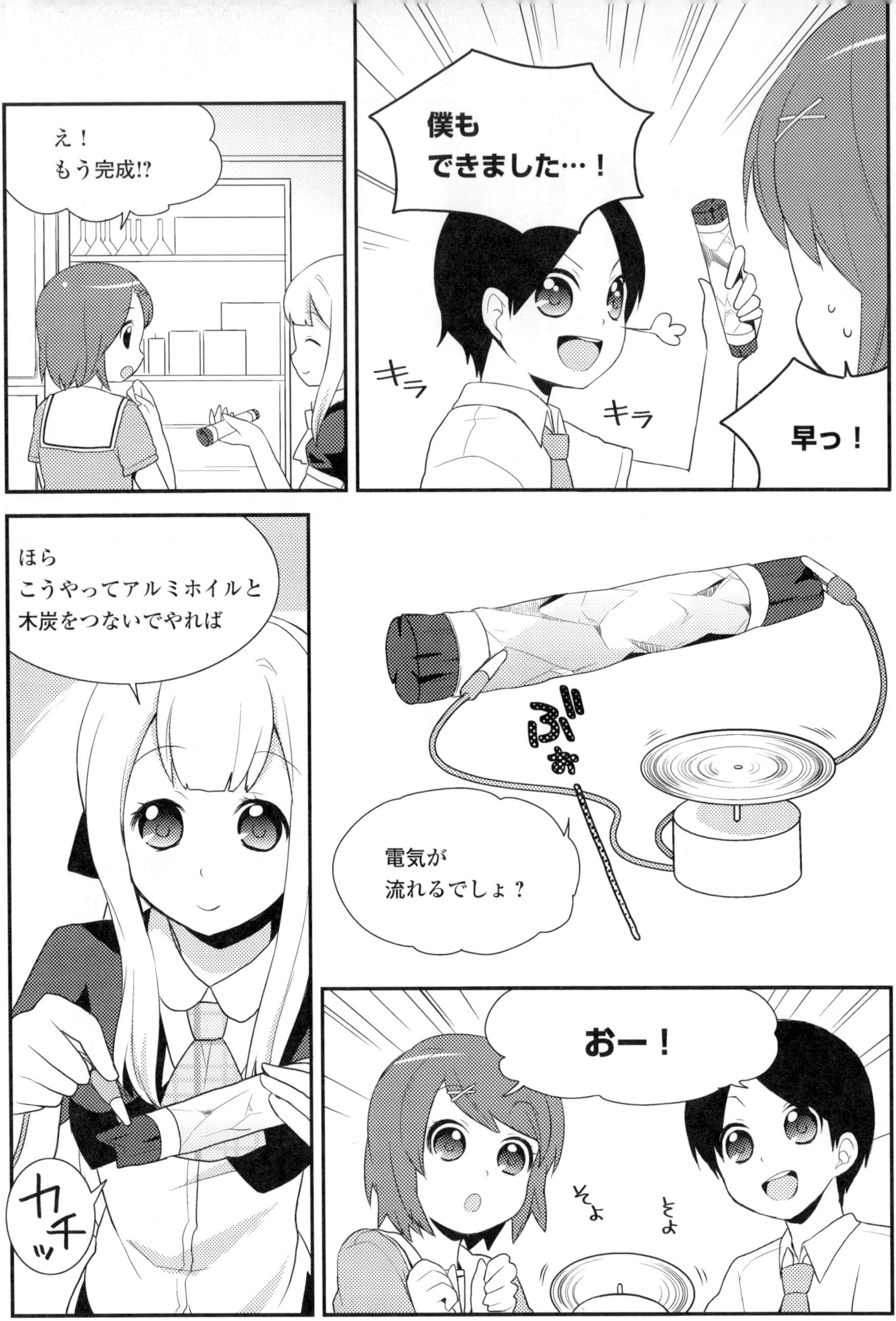
え！
もう完成!?
僕も
できました…！
キラ
キラ
早っ！
ほら
こうやってアルミホイルと
木炭をつないでやれば
カチッ
ぶぉ
電気が
流れるでしょ？
おー！
そよ
そよ

1.4 電池の歴史

最初につくられた電池も同じような原理だったの
ピッ
パッ
素焼きの壺
鉄の棒
銅製の筒
これが電池？
素焼きの壺、鉄の棒、銅製の筒
これはバグダッド電池と呼ばれているもので紀元前３世紀から紀元３世紀の遺物として見つかったものよ
そんな大昔に電池があったんですか!?
ふふ すごいでしょ
1932年ドイツの考古学者ウィルヘルム・ケーニッヒがバクダッド郊外のホーヤットラップア遺跡でパルティア時代の遺物としてこれを見つけたの
素焼きの壺
銅製の筒
これが本当に電池として使われていたかどうかはわからないわ

だけど銅筒の中にワインの腐敗でできる酢酸や食塩水などを入れ、鉄の棒を銅筒の中に入れると0.8Vくらいの電圧が発生することは間違いないの
これをたくさんつないで金めっきをしたのかもしれないのよ
ウホッ
スズシィ
そんな昔の人たちが電気の力を使っていたなんてすごいですね
ピッ
それじゃ次はこっち
パッ
ガルバーニのカエルの実験
鉄の棒
電解液になった部分
電流の向き
銅またはしんちゅうの針金
皮をはいだカエルの足
キャッ！
ハッ
……
ぱっ
これは生物電気の実験の図解よ
ガルバーニのカエルの実験
皮をはいだカエルの足
あらあら
生物電気？

ガルバーニのカエルの実験
鉄の棒
電解液になっ
電流の向き
銅または
しんちゅうの
1780年頃、イタリアの
生物学者解剖学者だった
ルイジ・ガルバーニは
カエルの足に銅線を刺し
これを鉄の棒につるしたところ、
足がプルプル痙攣《けいれん》することを
発見したの
イヤアァァ
ピクッ
ピクッ
なんだかすごい
実験ですね…
これを見たガルバーニは
動物の体内には
電気があると提唱したの
そして、当時はそう
信じられていたのよ
実際は違ったんですか？
そう。それは間違いで
銅と鉄という異なる２種類の
金属が電解液と接したこと
により電圧が発生して、筋肉を
収縮させていただけ
ってことがボルタによって
明らかにされたわ
銅
鉄
電解液
電圧発生
カエルの足に含まれる
体液が電解液の役割を
していたってわけね

結局、ガルバーニの提唱した説は
間違っていたわけだけど
彼の実験は神経細胞の興奮の
しくみを解明するきっかけを与え
現在のメディカル・
エレクトロニクス、
バイオ・エレクトロニクスへと
発展しているのよ
科学ってそうやって
発展していくんですね
ボルタの電堆
アレッサンドロ・ボルタ
10000
LIRE DIECIMILA
わたしたちが普段使っている
マンガン乾電池などの原型は
1800年にイタリアの物理学者
アレッサンドロ・ボルタが
発明したの
さっきの話にも
出てきた
ボルタさんですね
そうね
電圧の単位、ボルト
になっている
とても立派な学者よ
ボルト
volt
イタリアのお札にも
なってるくらいよ

カキ
カキ
ボルタがつくったのはボルタの電池
またはボルタの電堆(でんたい、パイル)
と呼ばれるものなの
それは２種類の金属と食塩水や
塩酸を浸した布からできていて
化学反応で電気を
つくり出しているのよ
ボルタが電池を
発明したおかげで
いろいろな実験が
可能になったんですね
食塩や塩酸が
染み込んだ布切れ
銅
亜鉛
違う種類の
金属
この電池を使って
ウイリアム・ニコルソンや
アントニー・カースルは
水の電気分解をしたし
ハンフリー・デービイは
電気分解で、カリウム、
ナトリウムなどのアルカリ金属を
初めて採取したわ
ボルタが発明した電池は
わたしたちが普段使っている
電池の原型になったものだし
せっかくだから
そのしくみを
説明しましょうか
DENCHI
はい！
教えてください！

電子
電流
そもそも
電気が流れるというのは
電子が動くということなの
これはわかる？
学校でやったような
やらなかったような…
いや、確実に
やってるから
電子は電気的にはマイナスの
性質を持っているの
だから、電子を多く持てば
持つほど電気的性質は
マイナスになるし
逆に電子を手放せば手放すほど
電気的性質はプラスになるわね
電子
電子を多く持つ
電気的にマイナス
電子を多く手放す
電気的にプラス
マイナス
イオン
プラス
イオン
電子をゲットして
電気的にマイナスになった
原子をマイナスイオン
電子を失って
電気的にプラスになった
原子をプラスイオン
って言うんでし
たっけ？

その通りよ
ちなみに
マイナスイオンとプラスイオンを
含んでいて電気を通す液体
のことを電解液というから
それも
覚えておいてね
電解液
さて
金属っていうのは
水溶液に入れると
電子を放出する
性質があるの
主な金属の
イオン化傾向は大きさの
順はこんな感じね
大きい
小さい
リチウム　亜鉛　鉛　銅　銀　金
電子を放出するってことは
金属はプラスイオンになる
ってことですか？
大正解
だけどね、
金属は種類によって
プラスイオンへの
なりやすさが
決まっているの
これを
イオン化傾向というわ
これを見ると
銅と亜鉛では亜鉛の方が
プラスイオンになりやすい
ってことがわかるわね

電子を放出しやすい
大きい
リチウム　亜鉛　鉛　銅
プラスイオンになりやすいってことは電子を放出しやすいってことですよね
そうよ。それじゃここまでわかったところで実際にボルタの電池をつくってみましょう
お—
まず水槽に希硫酸を入れるわ
希硫酸（H_2SO_4）は電解液だから水素イオンと硫酸イオンに分かれているわね
SO_4^{2-}
H^+
硫酸イオン
水素イオン
希硫酸
次に亜鉛板と銅板を浸しモータをつなぐわ
さてこうするとどうなると思う？
亜鉛板
銅板

えっと…
金属を水溶液につけると
電子を放出してプラスイオン
になるんでしたよね
そうね
それじゃまずは亜鉛から
見てみましょうか
イオン化傾向の大きい亜鉛は
どんどん希硫酸に溶けていくわ
そのとき、電子を放出するから
亜鉛板には亜鉛イオンが
残していった電子が
たまっていっちゃう
亜鉛板
電子
亜鉛
Zn
Zn^{2+}
亜鉛イオン
亜鉛は電子を残して自分だけ
プラスイオンになって
溶けていくんですね
そういうこと
電子がたまった
亜鉛板はマイナスに
帯電するわよね
それじゃ
イオン化傾向の弱い
銅板はどうなるんですか？
？
いい質問ね
それじゃ銅板が
どうなっているか
みてみましょうか

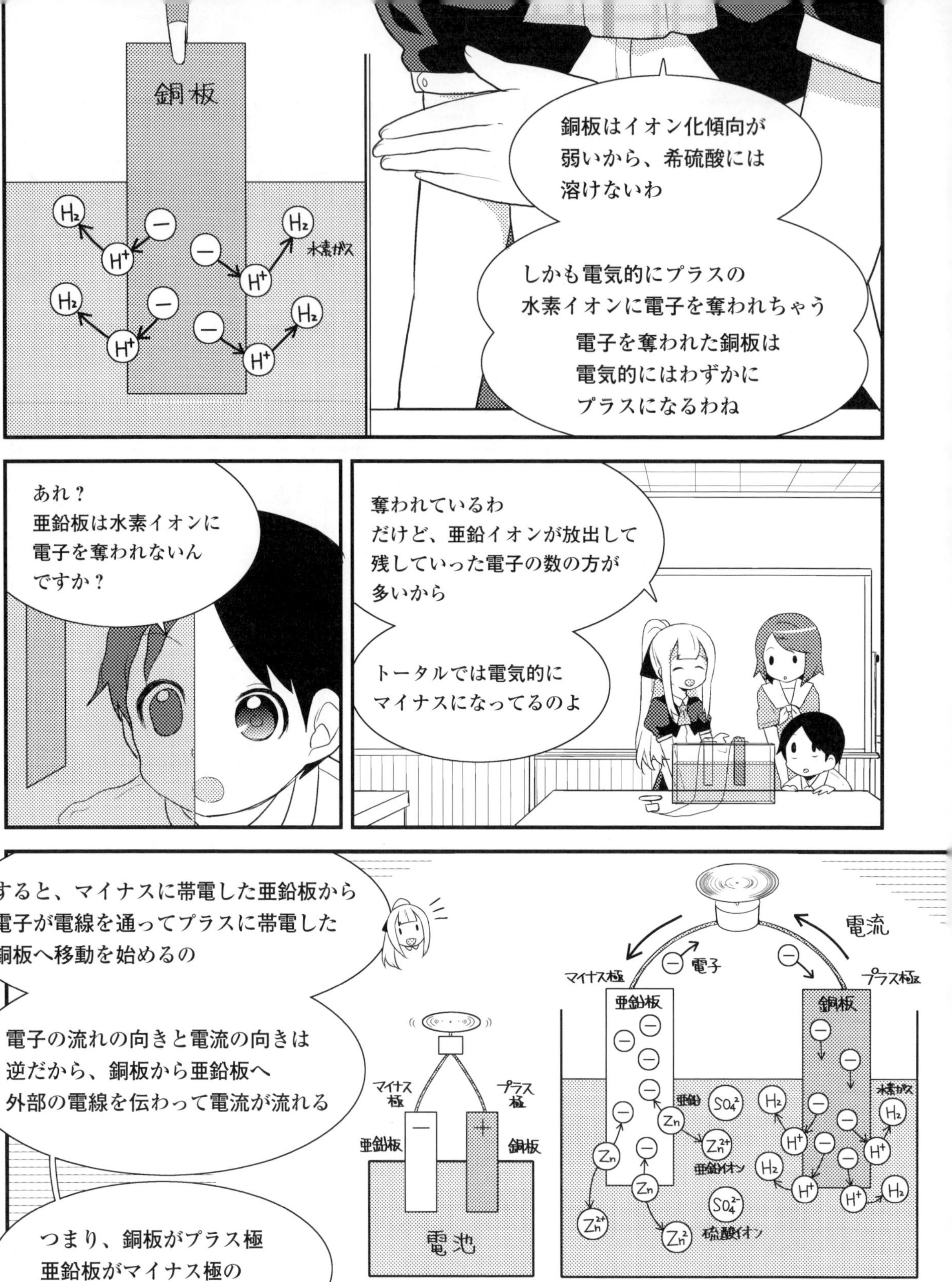
銅板
H_2
H^+
水素ガス
銅板はイオン化傾向が弱いから、希硫酸には溶けないわ
しかも電気的にプラスの水素イオンに電子を奪われちゃう
電子を奪われた銅板は電気的にはわずかにプラスになるわね
あれ？亜鉛板は水素イオンに電子を奪われないんですか？
奪われているわ だけど、亜鉛イオンが放出して残していった電子の数の方が多いから
トータルでは電気的にマイナスになってるのよ
すると、マイナスに帯電した亜鉛板から電子が電線を通ってプラスに帯電した銅板へ移動を始めるの
電子の流れの向きと電流の向きは逆だから、銅板から亜鉛板へ外部の電線を伝わって電流が流れる
つまり、銅板がプラス極 亜鉛板がマイナス極の電池ができたということね
マイナス極
プラス極
亜鉛板
銅板
電池
電流
電子
マイナス極
プラス極
亜鉛板
銅板
亜鉛
Zn
Zn^{2+}
亜鉛イオン
SO_4^{2-}
硫酸イオン
H^+
H_2
水素ガス

これがボルタの電池のしくみで
ふだん私たちが使う化学電池も同じしくみなの
DENCHI
初めにつくった木炭電池※も発電の原理はまったく同じで
アルミホイルが亜鉛と同じ働きをしているわ
※p.22参照
アルミホイルから銅線を伝わって木炭に電子が流れたってことですか？
アルミホイル
木炭
そういうことよ
ボルタの電池ではマイナス極の亜鉛が電子を失ったわよね
このように物質が電子を失う反応を酸化反応と呼ぶわ
一方、プラス極では水素イオンが電子を受け取って水素になるこれが還元反応よ
Zn
Zn^{2+}
H_2
H^+
酸化反応
還元反応
電池は酸化反応と還元反応の２つの化学反応によって電気をつくっているんですね
そういうことね

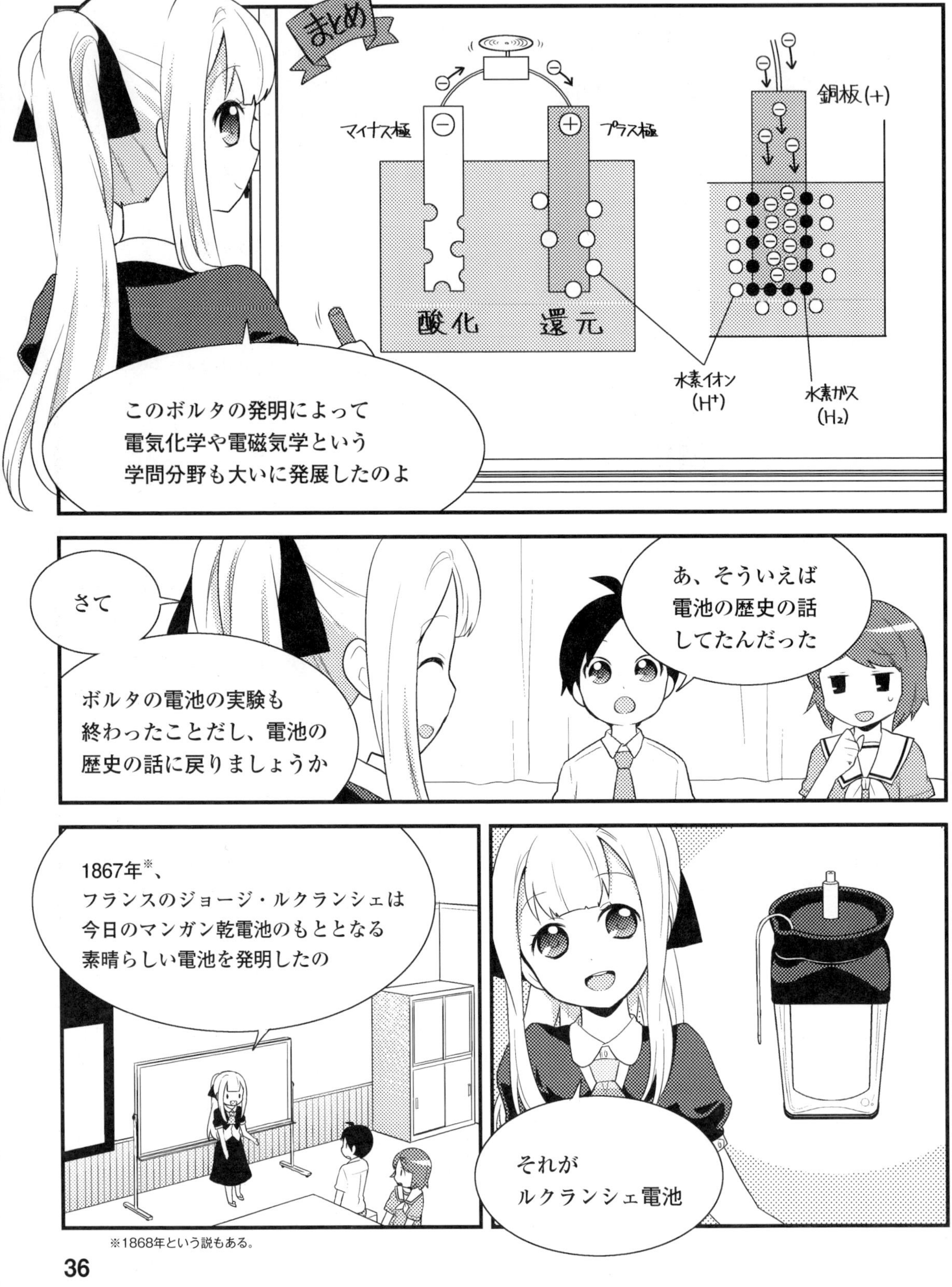
まとめ
マイナス極
プラス極
酸化
還元
銅板(+)
水素イオン
(H^+)
水素ガス
(H_2)
このボルタの発明によって
電気化学や電磁気学という
学問分野も大いに発展したのよ
さて
ボルタの電池の実験も
終わったことだし、電池の
歴史の話に戻りましょうか
あ、そういえば
電池の歴史の話
してたんだった
1867年※、
フランスのジョージ・ルクランシェは
今日のマンガン乾電池のもととなる
素晴らしい電池を発明したの
それが
ルクランシェ電池

※1868年という説もある。

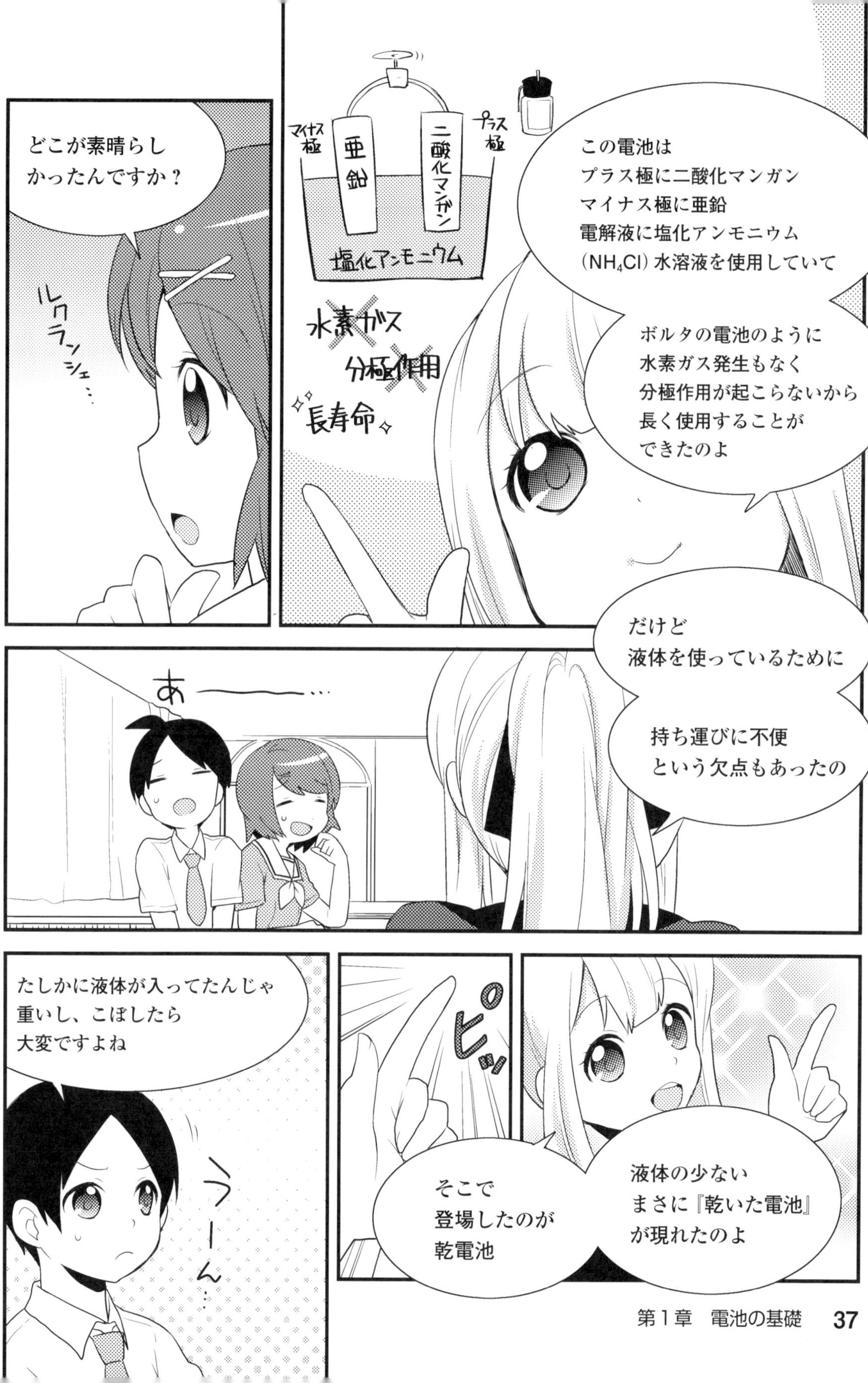
どこが素晴らしかったんですか？
ルクランシェ…
マイナス極
亜鉛
二酸化マンガン
プラス極
塩化アンモニウム
水素ガス
分極作用
長寿命
この電池は
プラス極に二酸化マンガン
マイナス極に亜鉛
電解液に塩化アンモニウム
(NH_4Cl) 水溶液を使用していて
ボルタの電池のように
水素ガス発生もなく
分極作用が起こらないから
長く使用することが
できたのよ
あ―――…
だけど
液体を使っているために
持ち運びに不便
という欠点もあったの
たしかに液体が入ってたんじゃ
重いし、こぼしたら
大変ですよね
う～ん…
ピッ
そこで
登場したのが
乾電池
液体の少ない
まさに『乾いた電池』
が現れたのよ

実用的な最初の乾電池は1887年
ドイツのカール・ガスナー や
デンマークのヘレセンによって
発明されたわ
この電池は
マイナス極を兼ねた亜鉛缶を
容器としてこれに紙袋を入れ
その中に塩化アンモニウム電解液
二酸化マンガン粉末と
石こう粉末と混ぜて
ペースト状にしたの
また、二酸化マンガンは
電気を通しにくいから
炭素粉末も加えたの
中心には
電流を取り出すための
炭素棒を入れて完成
炭素棒
クラフト紙の袋
亜鉛缶
塩化アンモニウム電解液
石こう粉末
二酸化マンガン粉末+炭素粉末
あまり知られていないけど
日本の屋《や》井《い》先《さき》蔵《ぞう》さんは
1885年には
屋井乾電池合資会社を
設立し、乾電池を
発明していたの
屋井乾電池合資会社
このとき特許を取っていれば
乾電池発明世界初の名誉は
屋井さんのもの
だったんでしょうけど
特許出願の資金がなかったの
※イメージ図
それに凝り性の彼は
もっと完全なものに
してからとすぐには特許を
申請しなかった
ともいわれているわね

彼は漏液問題を
解決するため
炭素棒をパラフィンで
煮ることを思いついて
1889年、一応の
完成をみて
1893年に特許が
成立するの
屋井乾電池
屋井乾電池
この乾電池は
日清戦争時（1894年）
通信機器用電源として
大活躍したらしいわ
そんな日本人が
いたんですね
ほー
今まで当たり前のように
使ってきた乾電池にも
やっぱり歴史があるんですね
そうよ
いろいろな人の努力と
知恵で段々といいものが
でき上がってきたの
その後、乾電池は
電解質としての塩化アンモニウム
（NH_4Cl）が塩化亜鉛（$ZnCl_2$）に
置き換わって、液漏れしなくなり
二酸化マンガン（MnO_2）も
天然産から電解製に替わるなど
次々と改良され、世界一という
高い品質を誇るようになったわ

＊社団法人電池工業会http://www.baj.or.jp/knowledge/history01.htmlより：電池の知識　1）屋井乾電池参照。

?
そんなにいろんな改良がされていったんですか
そうなの
その後、アルカリ乾電池、酸化銀電池、空気亜鉛電池など次々と生産され
リチウム
1976年には、日本が初めてリチウム一次電池の生産を開始し
そして1991年にはついにマンガン乾電池やアルカリ乾電池にはどうしても必要だった水銀もなくすことを世界に先駆け成功現在に至っているというわけ
くり返し充電ができる二次電池は1859年にフランスのガストン・プランテによって発明されたわ
現在もなくてはならない電池よね
トン
あっ
携帯電話が充電できなかったら困ります
そうかな？

くっ
ススムはメール送っても返事しないタイプだから平気かもね
？
え？そんなことあった？
もう！
いつもそういうことを忘れてるんだから！
ガタ
ひっ
電池の話をしてもいい？
はっ
カー
あ、ごめんなさい！
続きをお願いします
プランテの電池は２枚の鉛板の間にテープを挟んで円筒状に巻き希硫酸中で充放電をくり返したの
プランテ式電池の原理図
ゴム
ゴム帯
鉛板
プラス極活物質は二酸化鉛（PbO_2）でマイナス極活物質には鉛（Pb）を使っているの
電池では反応物質のことを活物質というの

その後、ペースト式極板電池や
鉛、アンチモン合金格子の発明
などにより
取り扱いが簡単な
長持ちする電池に改良されて
これは現在も使われて
いるわね
DENCHI
日本では1895年
二代目島津源蔵が
鉛蓄電池を試作
ニッケル・水素
二次電池
1990年に
ニッケル・水素
二次電池
リチウムイオン
二次電池
MADE IN JAPAN
1991年に
リチウムイオン二次電池が
いずれも世界に先駆け
発売されたの
すごいですね
そうよ
そしてこの間もいくつか
電池が消えていったのよ
酸化水銀電池のように
一時は世の中に出回ったものの
消えてしまった電池や
ニッケル・カドミウム二次電池
のようにニッケル・水素二次電池
に置き換えられて、生産量が
急激に減少している電池もあるわ

現在、わが国は
10種類以上の電池が
販売されているんだけど
これって実はすごいこと
なのよ
日本は電池王国
といってもいい
くらい
電池の世界も
競争が激しいんですね
そうね
そういう生存競争を
勝ち抜いた電池だけが
生き残ってるの
どうしたんですか!?
ガタッ
疲れたわ
え？

久しぶりにこんなにしゃべったから
呼吸困難になるかと思った
そうなんですか…
多分、わたしがここの館長になってから昨日までよりも、今日の方がずっと喋ったと思う
そんなに暇だったんですね
リチウム
一次電池
二次電池
でも楽しかった
にこっ
よかったらまた来てね

フォローアップ

電池の安全な使い方

電池にはアルカリ水溶液のように人体に触れると危険な薬品が使われており、誤った使い方をした場合、電池容器が壊れ液漏れしたり、発熱したりして、発火事故の起こることがあります。そのため、以下のような注意事項を守り、安全に使いたいものです。

1．電池のプラス極（正極）とマイナス極（負極）を逆にして使わない。

電池を複数個使用した時、1個の電池が逆になっていた場合、たとえ機器が動いたとしても、その電池が充電や過充電されることになり、急激な温度上昇、液漏れ、破裂などを起こすことがあり、危険です。

2．電池を外部短絡（ショート）させない。

電線で直接、電池のプラス極とマイナス極をつないだり、電池を機器に入れずにむき出しのまま、かばんなどに入れて持ち運ぶとヘアピン、鍵、硬貨、ネックレス等の金属に触れることがあり、危険です。このとき大電量が流れるため、電池は発熱し、やけどをしたり、液漏れ、破裂、発火事故等を起こすことがあります。やむを得ず、むき出しで持ち運ぶ時には、電池のプラス極とマイナス極をガムテープなどで覆ってください。

3．複数個の電池を機器に入れたり、交換する時は、同じ銘柄の、なるべく新しい電池を使う。

異なる種類の電池（たとえばマンガン乾電池とアルカリ乾電池）、同じ電池でも銘柄の異なる電池、また新旧の電池を混ぜて使うと、どれか容量の少ない電池が過放電せざるを得なくなり、発熱や電解液の電気分解が起こり、ガス発生により電池が膨れたり、液漏れを起こすことがあります。

4．電池を使いきり、機器が動かなくなった時は早めに電池を取り出し、新しい電池と取り換える。

古い電池を機器に入れたままにしておくと液漏れを起こすことがあり、機器の端子などが腐食し、機器が故障します。長く使用しない場合には電池を機器から取り出して置くようにしてください。

5．電池を加熱したり、火中に入れたり、直接ハンダ付けしない。

電池が膨張し、液漏れ、破裂、リチウム電池は発火することがあります。

6．一次電池は充電してはいけない。

一次電池には充電できない原子配列の構造の活物質が使われていたり、二次電池についているガス抜き弁などを備えていないので、充電すると膨れ、液漏れ、発熱、破裂、発火を起こすことがあり危険です。特にリチウム一次電池の充電は危険です。

7．電池を分解したり、変形したり、改造しない。

アルカリ液のような皮膚に触れると危険な薬品が使われている電池があります。これら電池を分解したり、高いところから落としたり、押しつぶしたりして変形させると、液漏れ、破裂などを起こすことがあり危険です。また、充電直後の二次電池を分解すると発熱、発火することがあります。

8．電池を乳幼児のそばに置かない。

乳幼児は小さな電池、たとえばボタン形電池など飲み込む危険性があります。万一、飲み込んだ場合は直ちに医師に相談してください。乳幼児は電池使用器具から電池を取り出すことがありますので十分に注意してください。

9．機器を長時間使用しない場合は機器から電池を取り出しておく。

電池は長い間に自己放電し、容量が徐々になくなるとともに液漏れの原因となります。

10. 機器使用後は必ずスイッチを切る。

作動状態のまま放置されると電池が完全放電し､液漏れを起こしやすくなります。

11. 電池の保管は高温、高温多湿の場所を避ける。

自己放電が進み、容量がなくなるとともに、結露により、端子表面が腐食し、機器挿入時接触不良になりやすくなります。ポリエチレン袋などに入れ、冷暗所（たとえば冷蔵庫、冷凍庫でない）に保管します。

12. 一次電池は電池に表示されている使用推奨期限内に使用する。

この期間内であればJISで規定された性能を保っています。

使用済み電池の廃棄とリサイクル

・マンガン乾電池、アルカリ乾電池、リチウム電池（円筒形、コイン形）などの一次電池

各自治体が回収していますが、場所によって資源ゴミ、不燃ゴミ、有害・危険ゴミなどゴミの種類が異なり、そのため「ゴミを捨てる方法」が異なります。各市町村の指示に従ってください。捨てる前に電池のプラス（+）極とマイナス（−）極をセロハンテープで絶縁してください。少し残っているかもしれない電池同士が接触すると短絡して発熱する危険があるためです。集められた廃電池のうち、自治体で乾電池として分別されている場合は、大半が野村興産株式会社や東邦亜鉛株式会社等で処理・リサイクルされています。その他の分別されていないものは自治体で、主として不燃ゴミとして安全に処理されています。廃乾電池の使用材料を有効活用するための処理方法として、環境負荷、資源有効活用、エネルギー消費、経済性など総合的な視点から見て、まだ、合理的な処理方法が確立されていない状態にあるため、現在、各国で研究されています。

・ボタン電池

使用済みアルカリボタン電池、酸化銀電池、空気亜鉛電池はプラス極とマイナス極をセロハンテープで絶縁してから電気店、時計店、カメラ店、補聴器店などにある「ボタン電池回収缶」に入れてください。

コイン形リチウム電池（CRおよびBR）は対象外で、こちらは乾電池等と同じく、市町村の回収ゴミ収集方法に従ってください。家電店等で集められた使用済み電池は収集・運搬業者を通じてリサイクラーに送られ、処理・リサイクルされています。

・小型二次電池

充電式の小型二次電池にはニッケル、コバルト、カドミウム、鉛などの有用金属が使われているため、使用済みの電池は回収され、リサイクルされています。ニッケル・カドミウム二次電池、ニッケル・水素二次電池・リチウムイオン電池、小型シール鉛蓄電池にはそれぞれ次のようなマークが電池本体や、二次電池回収箱などに印刷されています（図1.1）。

ニカド電池（青）　ニッケル・水素電池（黄緑）　リチウムイオン電池（オレンジ）　小型シール鉛蓄電池（グレー）

（提供：社団法人電池工業会）

●図1.1　小型二次電池のリサイクルマーク

使用済みの小型二次電池はプラス極とマイナス極をセロハンテープで絶縁してから「充電式電池リサイクル協力店」に加入の電気店またはスーパーマーケット等に置いてあるリサイクルボックス（図1.2）に入れてください。

リサイクルボックスは矢印のリサイクルマークが目印です。

（提供：社団法人電池工業会）

●図1.2　リサイクルボックス

・カーバッテリー（鉛蓄電池）

自動車になくてはならない鉛蓄電池には、人体に有毒な鉛が含まれていますから、使用済み電池には法律に基づき「下取り方式」が実施されており、電池販売店は無償で電池を引き取ることになっています。蓄電池メーカーは、図1.3のような流れで使用済み自動車用鉛蓄電池を下取り方式で回収し、リサイクルします。

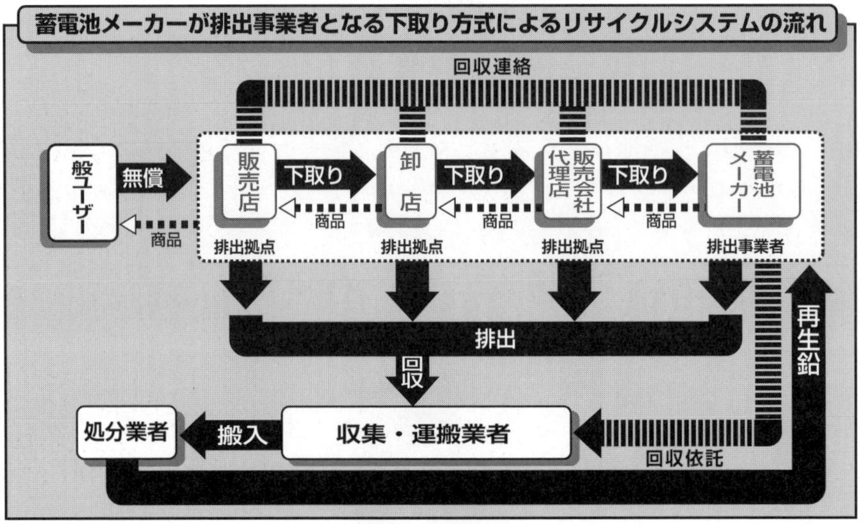

（出典：電池工業会）

●図1.3　蓄電池メーカーが排出業者となる下取り方式によるリサイクルシステムの流れ

電池工業会ホームページ（http://www.baj.or.jp/safety/safety01.html）参照。

第2章

一次電池

2.1　一次電池とは

こんにちはー
シーーーン・・・
あれ？
今日は休館日
なのかな？
でも入口に鍵は
かかってなかったよ
いらっしゃい
ビクッ
お
ドキ
ドキ
驚かさないで
くださいよ！

ごめんなさい
お庭の草刈りを
していたの
電池博物
でもだめね
特に夏は
わたし１人じゃとても
手に負えなくて
パタ
パタ
また２人で
来てくれたのね
嬉しいわ
電池の話が
面白かったから
また聞きにきたんです
わたしもちょっと
電池のこと知りたく
なってきたかも
ふふふ
せっかく
来てくれたから
今日も電池の話を
しましょうか

――展示室
この前は電池の種類の話をしたわよね
えっと化学電池とか物理電池とかがあるんですよね
そう
それじゃ今日は
化学電池の中の一次電池のお話をしましょうか
えっと一次電池っていうのは1回しか使えない電池のことですよね
そうそう充電ができない電池だよね
よく覚えているわね
ススム君とユリちゃんが言うように
マンガン乾電池やアルカリ乾電池のように使いきると再利用できない電池を一次電池というの
使ぃきると再利用不可
一次電池

2.2　一次電池の種類と特徴

一次電池にも
いろいろな種類があるのよ
マンガン乾電池
アルカリ乾電池
アルカリボタン電池
(LR)
LR44
酸化銀電池
(SR)
SR626SW
リチウム電池
CR2032
3V
コイン形
CR123A
円筒形
一次電池だけでも
こんなに種類が
あるんですね
同じ一次電池なのに
何が違うんですか？
使われてる
材料が違うわ
使われている材料？

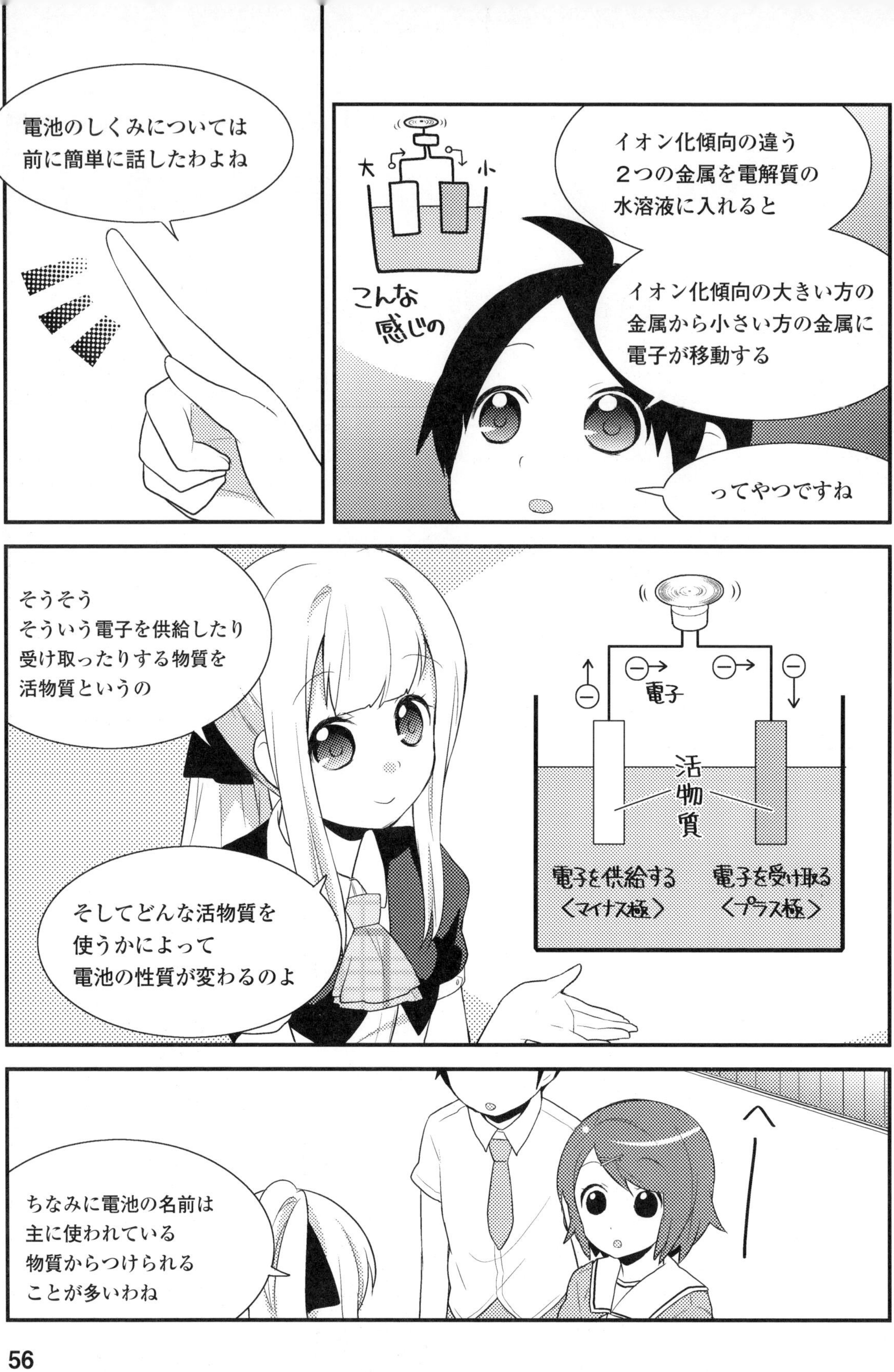
電池のしくみについては
前に簡単に話したわよね
大
小
こんな感じの
イオン化傾向の違う
2つの金属を電解質の
水溶液に入れると
イオン化傾向の大きい方の
金属から小さい方の金属に
電子が移動する
ってやつですね
そうそう
そういう電子を供給したり
受け取ったりする物質を
活物質というの
電子
活物質
電子を供給する
〈マイナス極〉
電子を受け取る
〈プラス極〉
そしてどんな活物質を
使うかによって
電池の性質が変わるのよ
ちなみに電池の名前は
主に使われている
物質からつけられる
ことが多いわね
へー

それじゃあ
マンガン乾電池は
マンガンが活物質として
使われているって
ことですね
マンガン
活物質
マンガン乾電池
ご名答
マンガン乾電池は
プラス極活物質に
二酸化マンガン（MnO_2）
が使われているわ
プラス極活物質 ⟶ 二酸化マンガン（MnO_2）
マイナス極活物質 ⟶ 金属亜鉛（Zn）
電解液 ⟶ 塩化亜鉛（$ZnCl_2$）水溶液
マイナス極の
活物質は何を
使っているんですか？
マイナス極活物質は
金属亜鉛（Zn）で
電解液は
塩化亜鉛（$ZnCl_2$）を
溶かした溶液ね

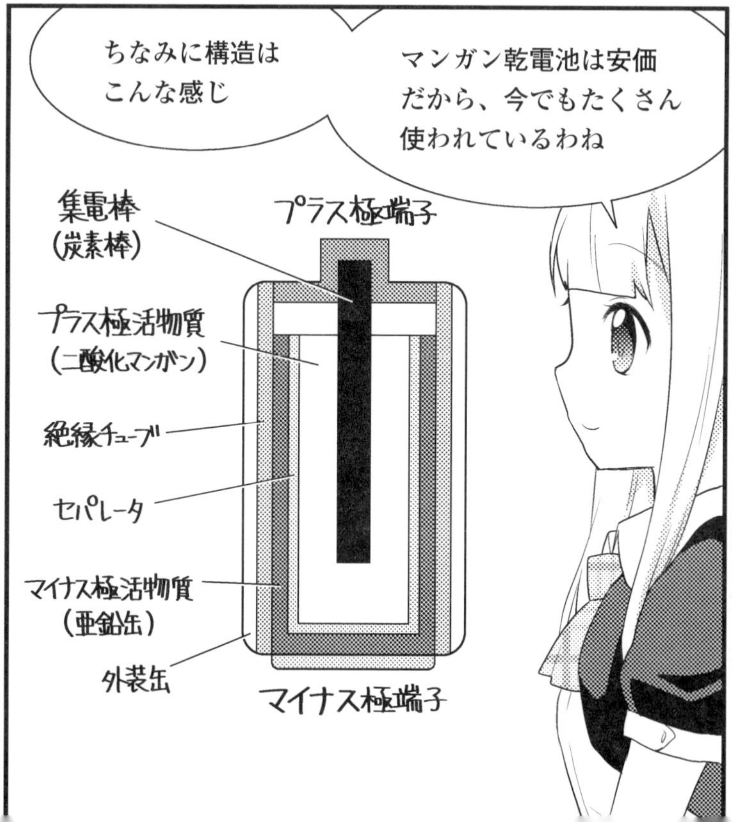

ちなみに構造は
こんな感じ
マンガン乾電池は安価
だから、今でもたくさん
使われているわね
集電棒
（炭素棒）
プラス極端子
プラス極活物質
（二酸化マンガン）
絶縁チューブ
セパレータ
マイナス極活物質
（亜鉛缶）
外装缶
マイナス極端子

二酸化マンガンは
電気がよく流れるように
炭素粉末、電解液の
塩化亜鉛水溶液と
混ぜ合わされているわ

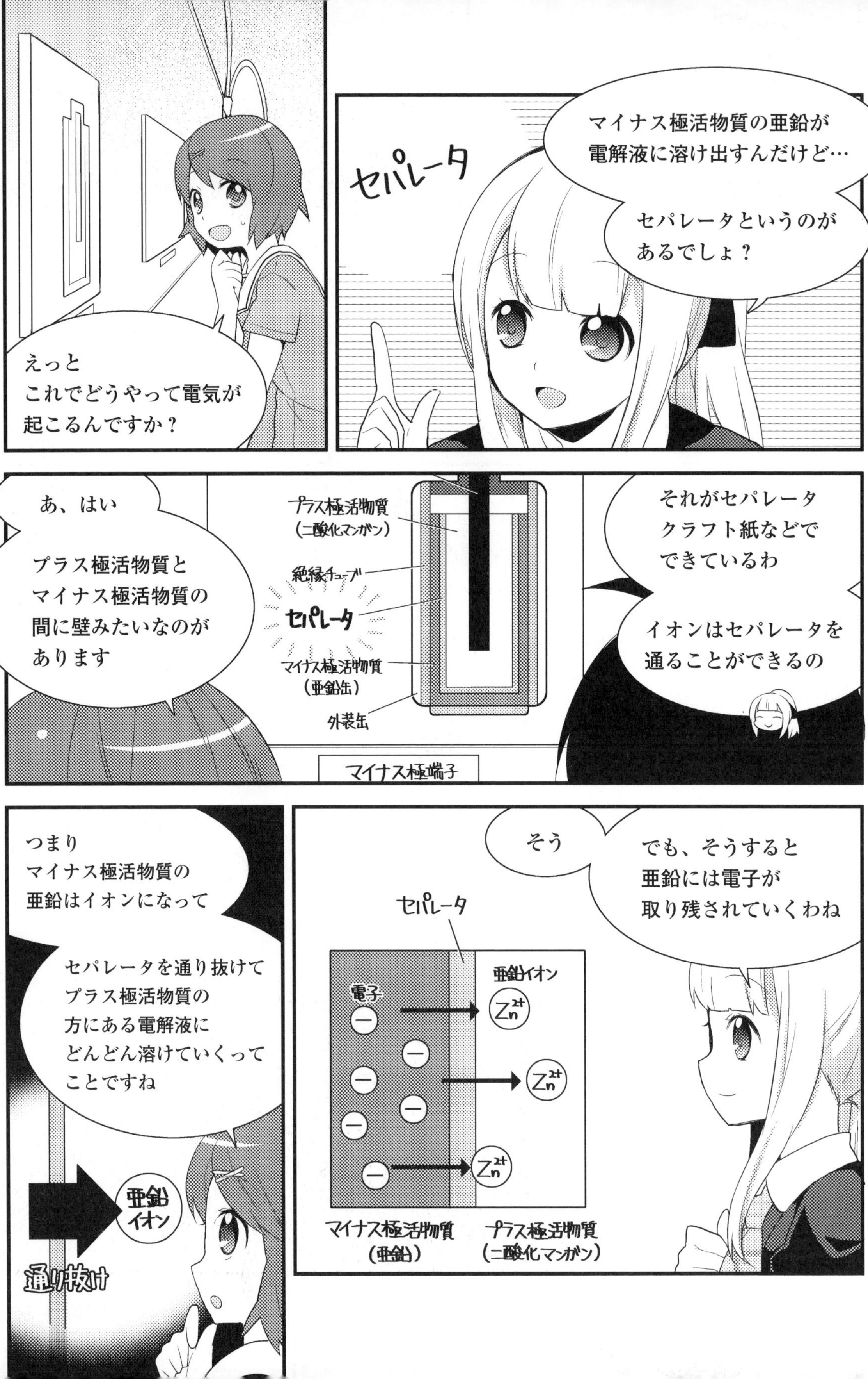

えっと
これでどうやって電気が
起こるんですか？
セパレータ
マイナス極活物質の亜鉛が
電解液に溶け出すんだけど…
セパレータというのが
あるでしょ？
あ、はい
プラス極活物質と
マイナス極活物質の
間に壁みたいなのが
あります
プラス極活物質
（二酸化マンガン）
絶縁チューブ
セパレータ
マイナス極活物質
（亜鉛缶）
外装缶
マイナス極端子
それがセパレータ
クラフト紙などで
できているわ
イオンはセパレータを
通ることができるの
つまり
マイナス極活物質の
亜鉛はイオンになって
セパレータを通り抜けて
プラス極活物質の
方にある電解液に
どんどん溶けていくって
ことですね
亜鉛
イオン
通り抜け
そう
でも、そうすると
亜鉛には電子が
取り残されていくわね
セパレータ
電子
亜鉛イオン
Zn^{2+}
Zn^{2+}
Zn^{2+}
マイナス極活物質
（亜鉛）
プラス極活物質
（二酸化マンガン）

あ！
炭素棒
プラス端子
セパレータ
二酸化マンガン
電子
銅線
電池のマイナス極端子とプラス極端子がつながっていたら、電子は亜鉛の方から移動できる！
そういうこと
そして豆電球を点灯させてからプラス極端子に入ってきた電子は炭素棒を通って二酸化マンガンに受け入れられマンガンが還元されるの
そしてセパレータを通り抜けてきた亜鉛イオンと反応して反応生成物になるのよ
炭素棒は別に化学反応してるわけじゃないわよねただ電気を集めてるだけ
こういうのを集電棒というのよ
もしもセパレータがなかったらどうなるんですか？
セパレータがなかったらプラス極活物質とマイナス極活物質が直接接触して
内部ショートを起こしちゃうわ
ショート
つまりプラス極活性物質とマイナス極活性物質が直接激しく反応し熱が出て危険なの
セパレータがイオンだけを通すから電池がちゃんと機能してくれるんですね

ついでに
公称電圧の話も
しておきましょうか
公称電圧？
電池には通常の使用状態
における電圧の目安が
種類ごとに決められているの
それが
公称電圧
電圧の目安
マンガン乾電池の
公称電圧は
1.5Vよ
MANGAN
電池の種類で
電圧って決まって
るんですね
それが決まってなかったら
壊れちゃう機械も
ありそうだからなぁ
マンガン乾電池は
単1、単2、単3、
単4、単5と呼ばれる
筒形のものと
006Pっていう
電圧が9Vの角形の
ものがあるの
単1 単2 単3単4単5
DLG
6F22
9V SIZE
006P

単１～単５電池を
単電池と言うんだけど
単電池の『単』は『単一』
の意味の『単』なの
１個だけ？
1.5Vの単電池が
1個入っている

つまり
１個だけって
いうことね

何が１個だけかというと
電池（セル）が１個だけ
ということなの

これに対して006Pは
積層電池といって
1.5Vの単電池が６個直列に
入ってるの
006P
こういう構造だから
９Ｖの電圧が出せるわ
1.5Vの単電池が
6個直列に
入っている
なるほど！

アルカリ乾電池という
名前だったから
アルカリ乾電池は
アルカリが活物質に
使われている
んですよね！
マンガン乾電池は
マンガンを使っていたから
アルカリ使用？
ALCALI
マンガン使用
MANGAN
え一…
うーん、
正解と言いたい
ところなんだけど
アルカリという
物質はないのよ
それじゃあ
構造もマンガン乾電池と
同じなんですか？
そーなんだ
似ているけど
ちょっと違うのよ
アルカリ乾電池は
アルカリマンガン乾電池とも
呼ばれることがある
マンガン乾電池の仲間なの
マンガン乾電池
アルカリマンガン乾電池

アルカリ乾電池で
使われる活物質は
二酸化マンガンと亜鉛
これは
マンガン乾電池と
同じね
アルカリ乾電池
活物質
二酸化マンガン
亜鉛
電解液
水酸化カリウム水溶液
ただし
電解液には強アルカリ性の
水酸化カリウム（KOH）
水溶液が使われているの
この電解液がアルカリ乾電池の
名前の由来なのよ
セパレータには
ポリビニールアルコール（PVA）
などの不織布が使われているわ
変わっているのは
電解液だけじゃないのよ
プラス極端子
絶縁チューブ
プラス極活物質
（二酸化マンガン）
集電棒
（しんちゅう棒）
セパレータ
マイナス極活物質
（粉末亜鉛）
マイナス極端子
外装缶
パッキン
よく見て
さっきはマイナス極活物質が
外側にあったのに、今は
プラス極活物質が外側にあるでしょ
本当だ
さらに
粉末の亜鉛をペースト状に
することで反応面積を
大きくして化学反応を
起こしやすくしてあるの
こういう構造にすることで
アルカリ乾電池は
マンガン乾電池より
大きな電流を長時間流す
ことが可能になっているのよ
ほー

マンガン乾電池と
アルカリ乾電池と
性能の違いはあるんですか？
アルカリ乾電池と
マンガン乾電池の
公称電圧は同じだけど
放電容量は
アルカリ乾電池の方が
約２倍も多いのよ
アルカリ
マンガン
約2倍
そんなに
違うんですね
CDプレーヤー
おもちゃ
だから
モータを使う機器みたいに
大電流が必要な機器を
使う時はアルカリ乾電池の
方がいいわね
懐中電灯
リモコン
時計
それに対して
マンガン乾電池は休ませると
電圧が回復するっていう
特徴があるから
懐中電灯とかリモコン
みたいに小さな電力を
ちょこちょこと使う機器には
向いているわ
電池にも
得意と不得意が
あるんですね

マンガン乾電池やアルカリ乾電池はよく聞く名前だと思うけど
他にも身近な電池はあるわよ
えっと
酸化銀電池とかリチウム電池とか空気亜鉛電池とかですよね
この前、名前だけは覚えていたわ
それじゃ
次に酸化銀電池の話をしましょうか
携帯ゲーム、腕時計などに使われているボタン電池は酸化銀電池が多いわね
構造はこんな感じ
マイナス極端子
マイナス極（亜鉛）
ガスケット（またはパッキング）
吸液紙
プラス極（酸化銀）
プラス極缶
セパレータ
さて
プラス極活物質は酸化銀（AgO）でマイナス極活物質は今まで通りの亜鉛
電解液に水酸化カリウム水溶液を使っているわ
酸化銀電池
活物質
酸化銀
亜鉛
電解液
水酸化カリウム水溶液
亜鉛って、マイナス極活物質としてモテモテですね
マイナス極活物質大賞
亜鉛

酸化銀電池
腕時計
酸化銀電池は
エネルギー密度が高いから
寿命が長く
長期間入れっぱなしで使う
腕時計など、小型の機器に
適しているの
電子体温計
電卓
携帯ゲーム機
アルカリボタン電池
酸化銀の代わりに
安価な二酸化マンガンを
使った電池が
アルカリボタン電池
こっちの方が安価だから
携帯ゲーム機、電卓
電子体温計など、さまざまな
機器に使われているわね
ボタン電池って
酸化銀電池と
アルカリボタン電池の
２種類しかないんですか？
そんなことはないわ
他にも
空気亜鉛電池
なんかもあるわね
マイナス極端子
マイナス極（亜鉛）
ガスケット
セパレータ
プラス極（空気極）
撥水膜
拡散紙
空気孔
シール紙
プラス極ケース
空気亜鉛？
まさか空気と亜鉛が
使われてるって
ことですか？
マイナス極活物質は
モテモテの亜鉛で
プラス極性物質は
空気中の酸素（O_2）
電解液は
水酸化カリウム
（KOH）水溶液よ

え!?
O_2
活物質って
金属じゃなくても
いいんですか？
電子の受け渡しさえできれば
別に金属である必要はないの
酸素
ペラ
空気亜鉛電池
空気亜鉛電池は
シールをはがすと酸素を
取り込むから
プラス極活物質をしまって
おく場所が必要ないの
その分、マイナス極活物質を
多く封入できるから
酸化銀電池と比べて
容量の大きな電池になるわ
電池の外から
プラス極活物質を
取り入れるっていう
発想がすごいですね
そうね
外から活物質が供給
されているわけだから
これは一次電池と
いうよりも、半分くらい
燃料電池みたいな
ところがあるわよね
補聴器
空気亜鉛電池は
連続使用する補聴器
などに適しているわね

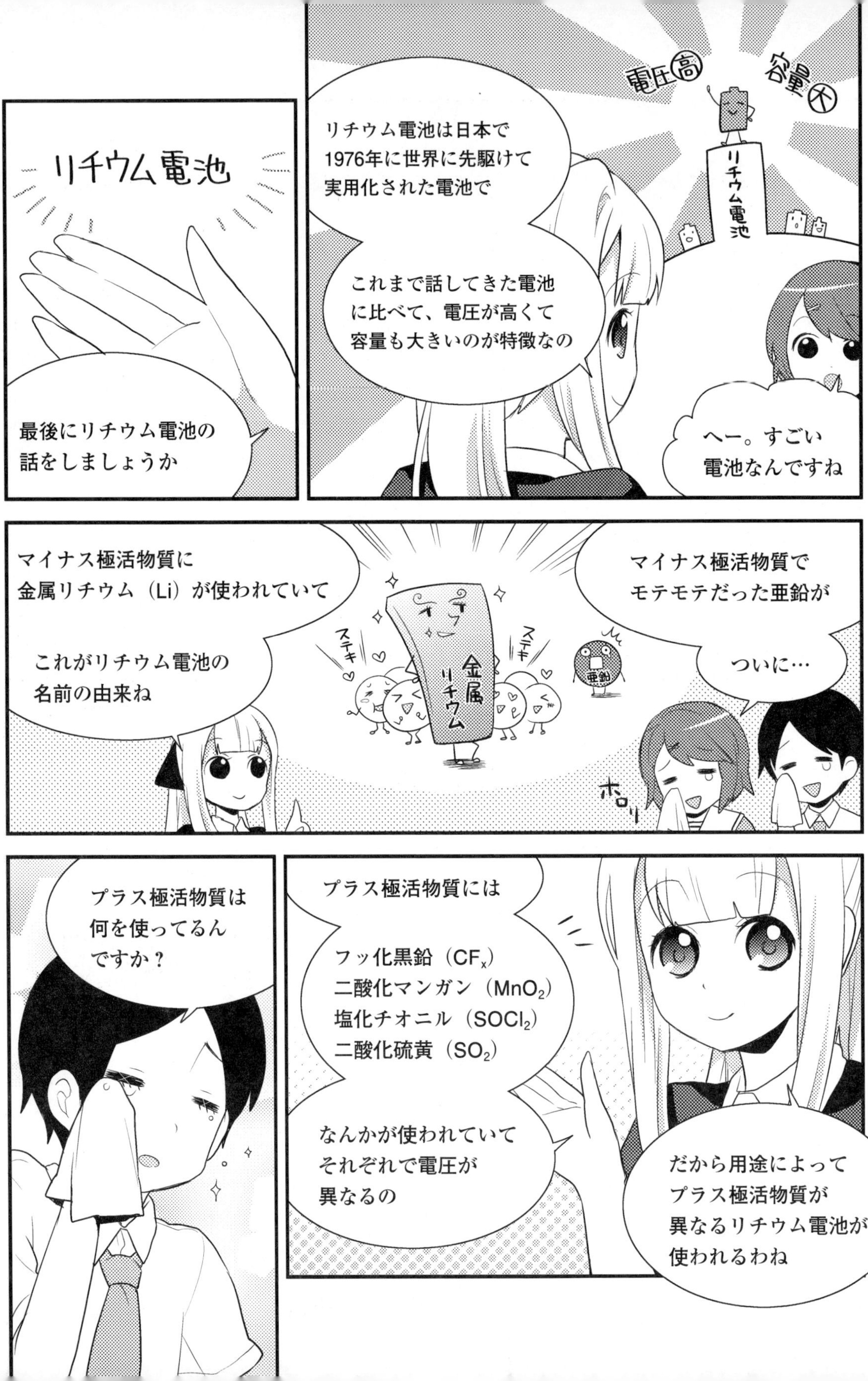

リチウム電池
最後にリチウム電池の話をしましょうか
電圧高
容量大
リチウム電池
リチウム電池は日本で1976年に世界に先駆けて実用化された電池で
これまで話してきた電池に比べて、電圧が高くて容量も大きいのが特徴なの
へー。すごい電池なんですね
マイナス極活物質に金属リチウム（Li）が使われていて
これがリチウム電池の名前の由来ね
ステキ
金属リチウム
ステキ
亜鉛
マイナス極活物質でモテモテだった亜鉛が
ついに…
ホロリ
プラス極活物質は何を使ってるんですか？
プラス極活物質には
フッ化黒鉛（CF_x）
二酸化マンガン（MnO_2）
塩化チオニル（$SOCl_2$）
二酸化硫黄（SO_2）
なんかが使われていてそれぞれで電圧が異なるの
だから用途によってプラス極活物質が異なるリチウム電池が使われるわね

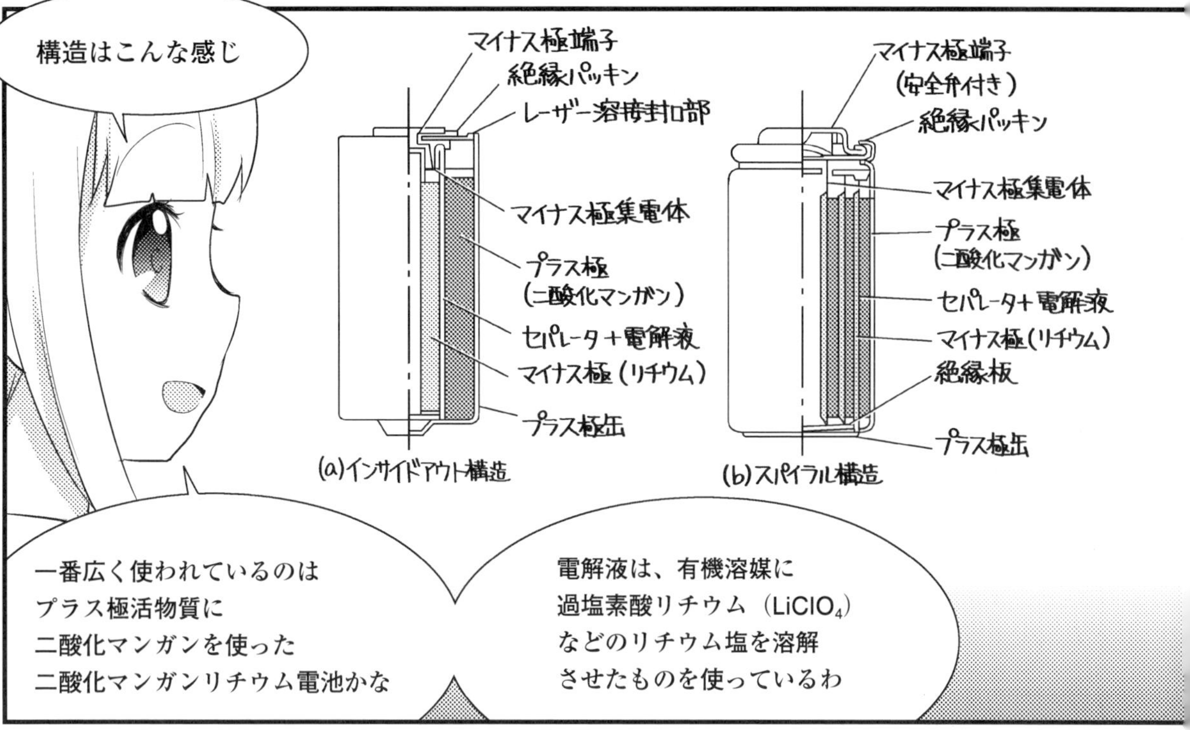
構造はこんな感じ
マイナス極端子
絶縁パッキン
レーザー溶接封口部
マイナス極集電体
プラス極
（二酸化マンガン）
セパレータ＋電解液
マイナス極（リチウム）
プラス極缶
(a)インサイドアウト構造
マイナス極端子
（安全弁付き）
絶縁パッキン
マイナス極集電体
プラス極
（二酸化マンガン）
セパレータ＋電解液
マイナス極（リチウム）
絶縁板
プラス極缶
(b)スパイラル構造
一番広く使われているのは
プラス極活物質に
二酸化マンガンを使った
二酸化マンガンリチウム電池かな
電解液は、有機溶媒に
過塩素酸リチウム（$LiClO_4$）
などのリチウム塩を溶解
させたものを使っているわ

２つの構造が
書いてありますけど
違うものなんですか？
インサイドアウト構造が
大容量用
スパイラル構造が
大電流用という感じね

リチウム電池は
家電機器用電源の
あちこちに
使われているのよ
住宅用
火災報知器

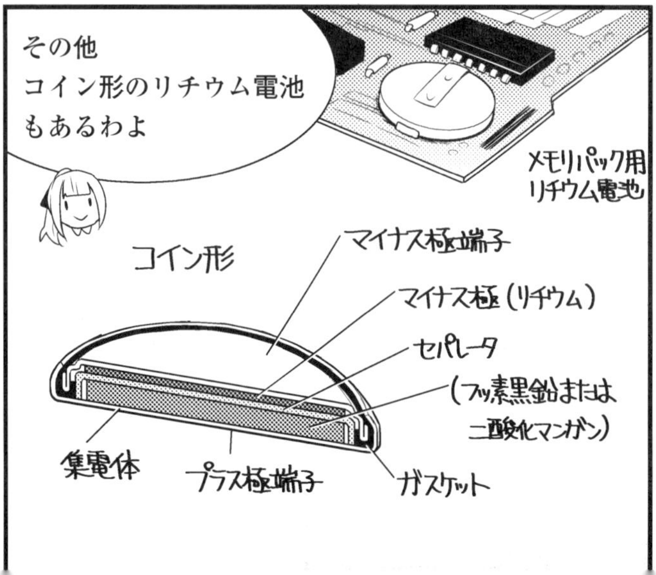
その他
コイン形のリチウム電池
もあるわよ
メモリパック用
リチウム電池
コイン形
マイナス極端子
マイナス極（リチウム）
セパレータ
（フッ素黒鉛または
二酸化マンガン）
集電体
プラス極端子
ガスケット

2.3　一次電池の規格

電池にいろいろな種類や構造があるってことが改めてわかりました
そうよ これまで話してきたような電池の形や規格は国際的に共通になっているの
カチッ
カキ
カキ
4CR2032
(1) (2) (3) (4)
何かの暗号ですか？
?
これは電池を表す記号よ
ちなみにこの記号はどういう電池を表しているんですか？
4つの直列
二酸化マンガンリチウム
コイン形
直径20mm
高さ3.2mm
4CR2032
(1) (2) (3) (4)
(1)が直列につながっている電池の数 (2)が電池系、(3)が形状、(4)が寸法 を表しているの
(1)4つ直列につながった (2)二酸化マンガンリチウム電池で (3)コイン形で (4)寸法は直径20mm・高さ3.2mm ということを表しているわ

＜単電池系を表す記号（一次電池）＞

	記号	種類	正極	電解液	負極	公称電圧（V）
一次電池	記号なし i)	マンガン乾電池	二酸化マンガン	塩化亜鉛水溶液	亜鉛	1.5
	B	フッ化黒鉛リチウム電池	フッ化黒鉛	非水系有機電解液	リチウム	3.0
	C	二酸化マンガンリチウム電池	二酸化マンガン	非水系有機電解液	リチウム	3.0
	E	塩化チオニルリチウム電池	塩化チオニル	非水系有機電解液	リチウム	3.6
	F	硫化鉄リチウム電池	硫化鉄	非水系有機電解液	リチウム	1.5
	G	酸化銅リチウム電池	酸化銅（II）	非水系有機電解液	リチウム	1.5
	L	アルカリ乾電池	二酸化マンガン	アルカリ水溶液	亜鉛	1.5
	P	空気亜鉛電池	酸素	アルカリ水溶液	亜鉛	1.4
	S	酸化銀電池	酸化銀	アルカリ水溶液	亜鉛	1.55
	Z	ニッケル系一次電池	オキシ水酸化ニッケル	アルカリ水溶液	亜鉛	1.5

i）マンガン乾電池は、形状記号のみで表すため、電池系の記号なし。

＜形状を表す記号＞

形状記号	電池形状
R	円形（円筒形、ボタン形、コイン形）
F	角形、平形

＜寸法の測り方＞

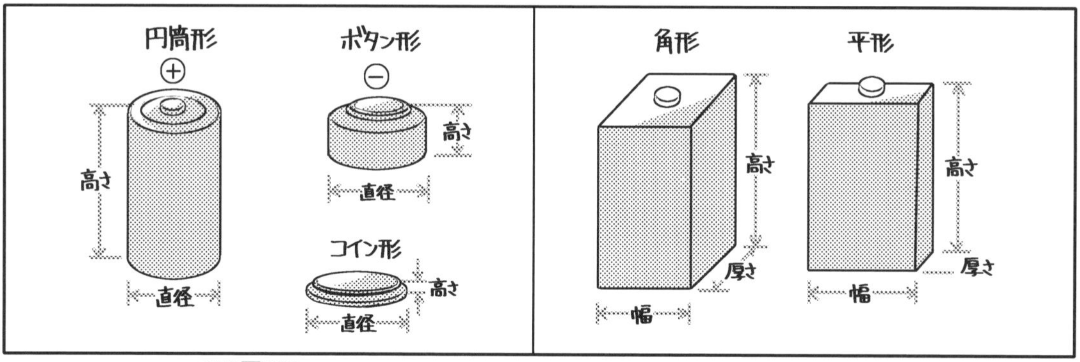

円筒形
⊕
高さ
直径
ボタン形
⊖
高さ
直径
コイン形
高さ
直径
角形
高さ
厚さ
幅
平形
高さ
厚さ
幅

ちなみに記号の一覧は
こんな感じ
これは世界共通の規格なの

カタ
ふぅ…
今日も喋りすぎて
疲れたわ
おかげさまで
今日一日で一次電池の
ことがかなりわかった
気がします
あれ
おもちゃも展示して
あるんですか？
ええ
電池で動くおもちゃを
いくつか置いてあるの
あ！ やば！
今日はわたしが
犬の散歩しなちゃ
いけない日だった！
ダッ
ありがとう
ございました！
ふふ
またね

フォローアップ

電池の自己放電と使用推奨期限

一次電池は使用しなくても自己放電といって、徐々に電池活物質が劣化し、放電容量が減少します。そのため規格として、使用推奨期限を電池本体の底部、または側面、パッケージに表示することになっています。この「使用推奨期限」とは電池を使用しない場合に、JIS規格で定められた放電持続時間(放電容量)を発揮する期間を定めたものです。その表示方法は、月－年の順で示し、次の２通りがあります。

例） 2012年3月

- 03-2012
- 03-12

なお、二次電池には使用推奨期間がありません。

保存方法と温度による使用時間

電池はなるべく製造後日の浅い、新鮮な電池を使いたいものですが、手元にないと不便なことから買い置きすることがあります。その場合は冷暗所に保存することが大切です。また、湿気も禁物ですから、ポリエチレン製袋などに入れ、封をしたのち冷蔵庫に保管（冷凍庫でない）するのも一法です。温度20℃ ± ２℃、相対湿度60%±15%で保存した場合、使用推奨期限はマンガン乾電池の単１形、単２形で３年、それより小さい電池で２年、アルカリ乾電池の単１から単４形で５年、水溶液系のボタン電池で２年、コイン形リチウム電池で５年、円筒形リチウム電池で10年です。つまり、この期間内で使用すればJISで決められた放電持続時間などの性能を満足するというものです。

また、電池は使用環境温度によって、使用時間が変化します。一般に低い温度の方が使用時間は短くなります。ただし、低い温度で使用できなくなった電池、たとえばスキー場で音響機器により音楽を聴いた時、音が出なくなっても、あたたかい部屋に戻ってくればまた使用可能となります。

乾電池の無水銀化

かつて、亜鉛を負極活物質とするマンガン乾電池やアルカリ乾電池には、水銀がたくさん使われていました。一般に金属亜鉛が水溶液と接触すると腐食が起こり、水素ガスが発生します。このため、電池が膨らんだり、封口部から液漏れが起こるなどの事故が起こりやすくなるので、これを防ぐために水銀を加え、亜鉛のアマルガム化※を行っていました。これは水銀表面からの水素ガス発生電極反応が非常に遅いという性質を利用したものです。しかし、水銀は猛毒であるため廃電池を投棄した場合、環境汚染につながるため、無水銀化の研究が行われ、まず1991年世界に先駆け、マンガン乾電池の無水銀化に成功し、1992年にはアルカリ乾電池の無水銀化が実施されました。水銀の代わりに毒性が低く、水素ガス発生反応の遅い金属が徹底的に探索された結果、インジウム（In）などを少量含んだ合金が使用されるようになり、電解液にも腐食抑制剤を添加するとともに水素発生の原因となりやすい不純物の少ない高純度材料を使用することなどによって達成されたものです。今では、ボタン形酸化銀電池、ボタン形アルカリマンガン乾電池の無水銀化も達成されています。

※水銀は金、亜鉛、銅など多くの金属を溶かし、任意の割合の合金をつくります。これをアマルガムと言います。その昔、奈良の大仏は金めっきされていました。それは仏像表面に金アマルガムを塗布後、たいまつ（松明）であぶり、水銀を気化させるという方法だったと言われています。

第3章

二次電池

3.1　二次電池とは

もう！遅れるならちゃんとメールしてよ！
はぁ　はぁ
ごめんごめん
携帯電話の電池が切れちゃってて
ぜはー
ちゃんと充電しといてよ
今日も電池の話を聞くんだから早く入ろうよ
電池博物館
なんだかユリの方が積極的になってきたな…
何か言った？

あら
いらっしゃい
しゅじゅ ちゅう…
…………
…なにをやっているんですか？
壊れたおもちゃを直そうと思って
？
おもちゃを直してるようには見えないですけど…
そう？
貸してください

てき
ぱき
すごい
ススムは昔から
こういうのが得意
なんですよ
ユリちゃんも
何か彼に修理して
もらったことがあるの？
うぇぇぇん
えっ
あ、かなり
昔の話ですけど
よし！
直った！
ありがとう
お礼に今日も
電池の話をしましょうか

この前は化学電池の中でも
一次電池の話をしたわよね
マンガン乾電池とか
アルカリ乾電池の
話を聞きました
それじゃ今日は
二次電池の話を
するわね
え――と…
二次電池は
一次電池と違って
充電することが
できるんですよね
その通りよ
専用の充電器や
使用機器に内蔵された
充電器を使って充電できるの
電池の種類や
充電方法によって変わるけど
500回以上使える
電池もあるのよ

3.2　二次電池の種類と特徴

まずは
鉛蓄電池の話から
しましょうか
鉛蓄電池？
鉛蓄電池という言葉は
聞き慣れないかもしれないけど
バッテリーという
言葉なら知っている
んじゃないかしら？
バッテリー
バッテリーなら
聞いたことあります
ガラ
鉛蓄電池はバッテリー
とも呼ばれていて
自動車に搭載されていたり
無停電電源装置
非常用電源などに
昔から使われていたりするわ
自動車のバッテリー
無停電電源装置

電圧計
2V
マイナス極
鉛
(Pb)
−
プラス極
二酸化鉛
(PbO_2)
+
希硫酸
キュポ
鉛蓄電池は
プラス極に二酸化鉛（PbO_2）を
マイナス極に鉛（Pb）を
そして電解液に
希硫酸（H_2SO_4）を使っているわ
セル１つの
公称電圧は2Vよ
自動車のバッテリー
なんかだとセルを６個
直列に接続して12V
または12個直列に
接続して24Vの
電圧にしているわね
12V
24V
これで
鉛蓄電池のお話は
おしまい
終了
バ
ちょっと待って
ください！
どうして鉛蓄電池は
充電できるんですか？

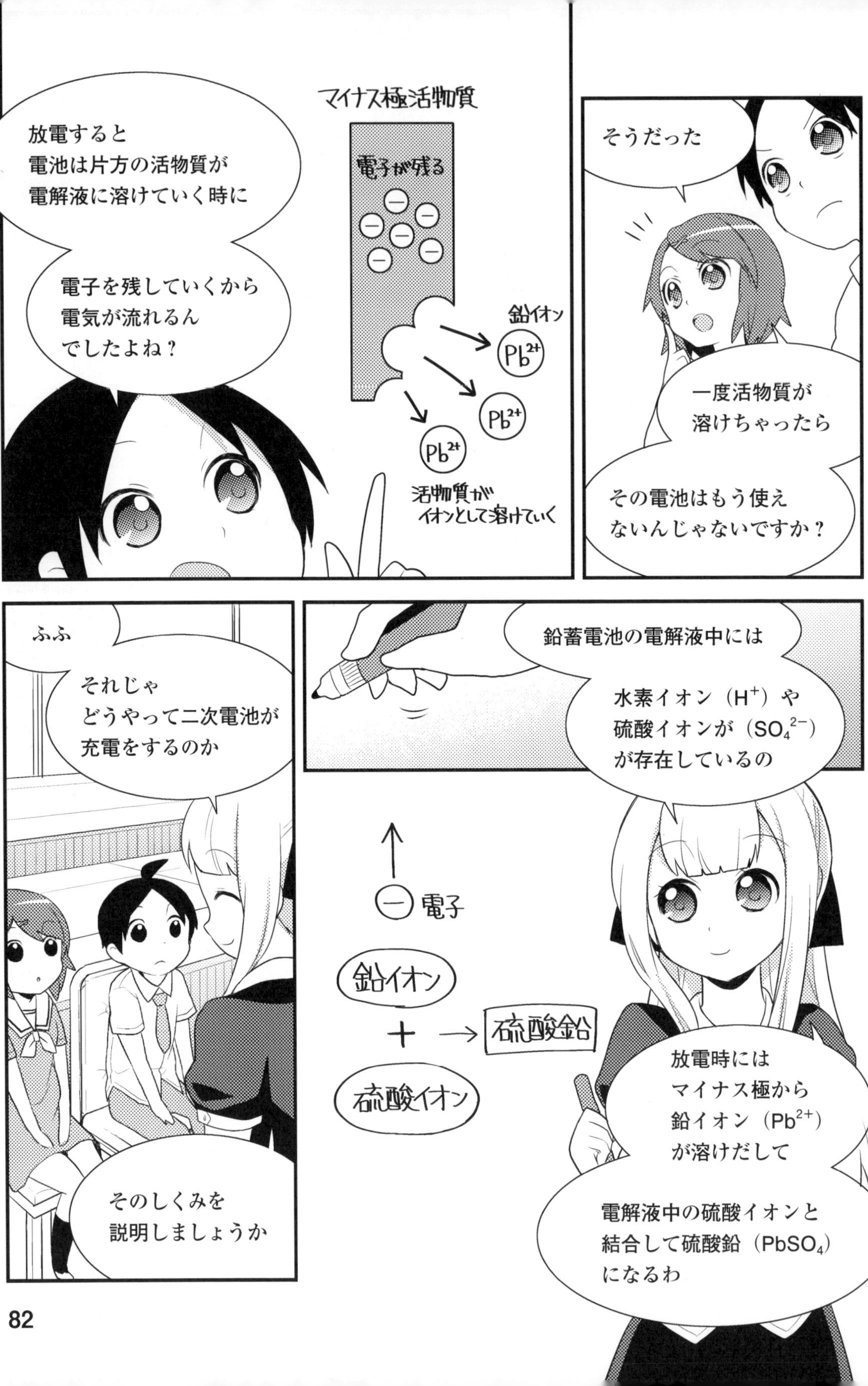
放電すると
電池は片方の活物質が
電解液に溶けていく時に
電子を残していくから
電気が流れるん
でしたよね？
マイナス極活物質
電子が残る
鉛イオン
Pb^{2+}
Pb^{2+}
Pb^{2+}
活物質が
イオンとして溶けていく
そうだった
一度活物質が
溶けちゃったら
その電池はもう使え
ないんじゃないですか？
ふふ
それじゃ
どうやって二次電池が
充電をするのか
そのしくみを
説明しましょうか
鉛蓄電池の電解液中には
水素イオン（H^{+}）や
硫酸イオンが（SO_4^{2-}）
が存在しているの
電子
鉛イオン
＋
硫酸鉛
硫酸イオン
放電時には
マイナス極から
鉛イオン（Pb^{2+}）
が溶けだして
電解液中の硫酸イオンと
結合して硫酸鉛（$PbSO_4$）
になるわ

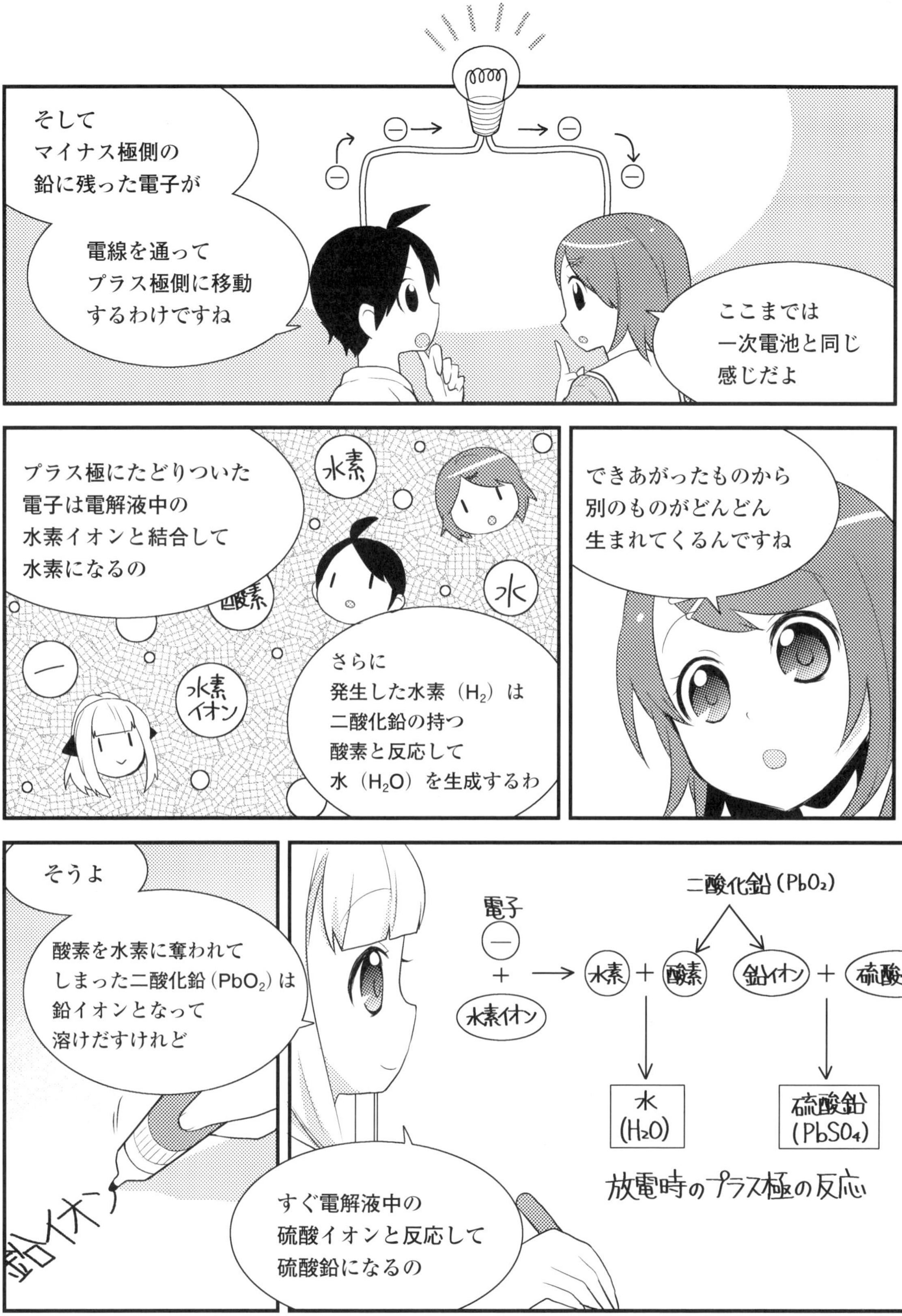
そして
マイナス極側の
鉛に残った電子が
電線を通って
プラス極側に移動
するわけですね
ここまでは
一次電池と同じ
感じだよ
プラス極にたどりついた
電子は電解液中の
水素イオンと結合して
水素になるの
水素
水
酸素
水素イオン
さらに
発生した水素（H_2）は
二酸化鉛の持つ
酸素と反応して
水（H_2O）を生成するわ
できあがったものから
別のものがどんどん
生まれてくるんですね
そうよ
酸素を水素に奪われて
しまった二酸化鉛（PbO_2）は
鉛イオンとなって
溶けだすけれど
すぐ電解液中の
硫酸イオンと反応して
硫酸鉛になるの
鉛イオン
二酸化鉛（PbO_2）
電子
水素イオン
水素
酸素
鉛イオン
硫酸イオン
水（H_2O）
硫酸鉛（$PbSO_4$）
放電時のプラス極の反応

放電
電子
電流
マイナス極
プラス極
鉛
二酸化鉛
希硫酸
H^+
水素
SO_4^{2-}
Pb^{2+}
Pb^{2+}
硫酸鉛
水
希硫酸イオン
希硫酸イオン
これで
プラス極側にもマイナス極側
にも硫酸鉛ができる
ことになるわね
硫酸鉛は少しずつ
電極を覆っていくの
電極が覆われて
しまったら、反応できなく
なるんじゃないですか？
いいところに
気が付いたわね
その通りよ
電極が覆われれば
電池の発電能力は
低下していってしまうわ
硫酸鉛
電極
発電能力
低下!
あ!
そこで充電をして
あげるわけですね
でも
どうして電気を流すと
また電池が使える
ようになるんですか？
それじゃ
充電するとどうなるか
見てみましょうか

充電するには
マイナス極側に外から
電子を流し込むの
そうするとマイナス極の
鉛にある電子が
増えすぎて
硫酸鉛の外側に
少しだけ溶けだしている
電解液中の鉛イオンに
電子を渡し始めるわ
マイナス極側
鉛
電子
鉛
鉛
Pb^{2+}
ということは
一度溶けだしたはずの
鉛が、またマイナス極側に
金属になって戻ってくる
ってことですか？
そういうことよ
そうすることで
マイナス極に鉛が
付着するの
その一方で
電子が足りなくなった
プラス極側では
水酸化物イオン
（OH^-）が
プラス極側に電子を
渡そうとして
水と酸素になるわ
さらにそうやって生まれた
酸素（O_2）と硫酸鉛が
反応して二酸化鉛に変化する
プラス極側
二酸化鉛
水
酸素
水酸化物イオン
酸素
硫酸鉛
二酸化鉛
二酸化鉛
二酸化鉛
発生した二酸化鉛は
プラス極側にくっつく
形で出てくるの
マイナス極では
鉛イオンから鉛ができて
プラス極では
硫酸鉛から二酸化鉛
ができる…
あ！
これってさっきと
まったく逆です！

そういうこと
つまり
充電は放電のまったく逆の現象を起こしているということね
充電
放電
それじゃあ鉛蓄電池は永遠に使い続けられるんですね！
いいえそういうわけでもないの
鉛蓄電池は長時間放置しておいたり過放電をしたりすると電極が完全に硫酸鉛に覆われてしまうわ
サルフェーション現象
この現象をサルフェーション現象というの
硫酸鉛の結晶
電極が完全に覆われてしまったら、さっき言ってた反応が起こらなくなるってことですね
そうよ
そうなってしまったらその鉛蓄電池はもうアウトね
回収 Box

次は
２人にとっては鉛蓄電池
よりも身近な
二次電池の話を
しましょうか
マンガン乾電池や
アルカリ乾電池と
同じ形をした
二次電池ですか？
そう
ニッケル・水素電池ね
DENCHI
Ni-MH
充電式
ニッケル水素電池
1000
ニッケル・水素電池
ニッケル・水素電池は
1990年に日本で
実用化されたものなの
プラス極には
オキシ水酸化ニッケル（NiOOH）
マイナス極には
水素が貯蔵されている
水素吸蔵合金
電解液には
水酸化カリウム水溶液
が使われているわ
公称電圧は
1.2V

水素吸蔵合金
ってなんですか？
水素吸蔵合金というのは
ニッケルが主成分の合金で
ランタン
その他のレアアース金属と
ニッケルとの化合物よ
水素吸蔵合金
数％の水素ガスを
含むことができるの
ニッケル・水素電池は
以前はノートパソコンにも
使われていたのよ
今は何に使われて
いるんですか？
音響機器や電動歯ブラシ
なんかにも使われて
いるんだけど
ちょっとずつ
リチウムイオン電池に
地位を奪われてる感じね
音響機器
ハイブリッド車の電源
電動ハブラシ
現在は
ハイブリッド車の電源
として活躍しているわ
これが
ニッケル・水素電池
の構造
ガスケット（またはパッキング）
プラス極端子（ガス排出弁内蔵）
ガス排出弁（安全弁）
ガス極（ニッケル極）タブ
プラス極（ニッケル極）板
セパレータ
マイナス極
（水素吸蔵合金）板
マイナス極
（ニッケルメッキ・鉄缶）
絶縁チューブ

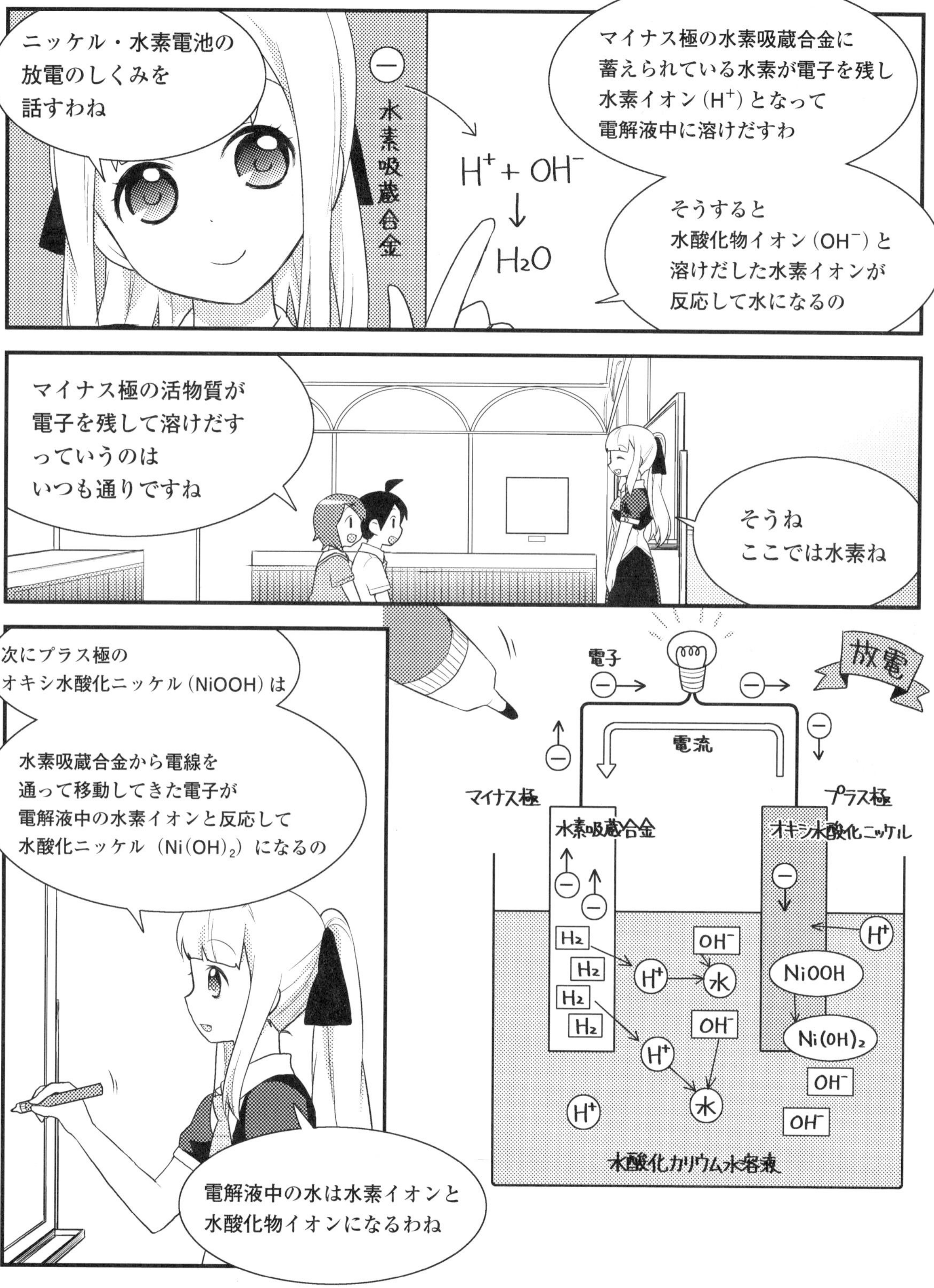
ニッケル・水素電池の放電のしくみを話すわね
マイナス極の水素吸蔵合金に蓄えられている水素が電子を残し水素イオン（H^+）となって電解液中に溶けだすわ
そうすると水酸化物イオン（OH^-）と溶けだした水素イオンが反応して水になるの
− 水素吸蔵合金
$H^+ + OH^-$
↓
H_2O
マイナス極の活物質が電子を残して溶けだすっていうのはいつも通りですね
そうねここでは水素ね
次にプラス極のオキシ水酸化ニッケル（NiOOH）は
水素吸蔵合金から電線を通って移動してきた電子が電解液中の水素イオンと反応して水酸化ニッケル（$Ni(OH)_2$）になるの
電解液中の水は水素イオンと水酸化物イオンになるわね
放電
電子
電流
マイナス極
プラス極
水素吸蔵合金
オキシ水酸化ニッケル
H_2
H^+
OH^-
水
NiOOH
$Ni(OH)_2$
水酸化カリウム水溶液

充電のしくみは
さっきの反応の
まったく逆が起こるわ
水素吸蔵合金
充電
H_2
充電することによって
再び水素吸蔵合金に
水素が蓄えられるの
注意してほしいのは
水素吸蔵合金の性質ね
性質？
水素吸蔵合金は
水素を蓄えない状態で
放置すると
水素を蓄える機能が
低下して電池の寿命を
短くしてしまうの
仕事ねぇ
水素カラッポ
ダラ
アハハハ
ダラ
よぼ
よぼ
だから
ニッケル・水素電池は
充電してから保管
した方が賢明よ
二次電池もいろいろ
気をつけた方が
いいんですね
はー
ちゃんと構造やしくみを
理解していれば
二次電池は長持ち
させられるんだから

次に
ニッケル・水素電池から
お株を奪いつつある
リチウムイオン電池
の話をしましょうか
さっきも
少し名前が出て
きましたよね
リチウムイオン電池は
本当にさまざまなものに
使われているからね
リチウムイオン電池は
1991年に実用化されたん
だけど、これに成功した
のも日本なのよ
リチウムイオン
電池
で、プラス極に
コバルト酸リチウム（$LiCoO_2$）
マイナス極に黒鉛（炭素：C）
電解液に有機電解液
を使っていて
公称電圧は3.7V
リチウムイオン電池： 3.7V
ニッケル・水素電池： 1.2V
ニッケル・水素電池より
３倍以上も電圧が
高いんですね
そうよ
エネルギー密度は
ニッケル・水素電池の約２倍と
二次電池の中で最も高いの
さらに使用してない状態で
自然に放電してしまう
自己放電も非常に少ないし、
メモリー効果※も起こらない
優れた二次電池なの
そんなに優秀
なんですか！

※p.101を参照。

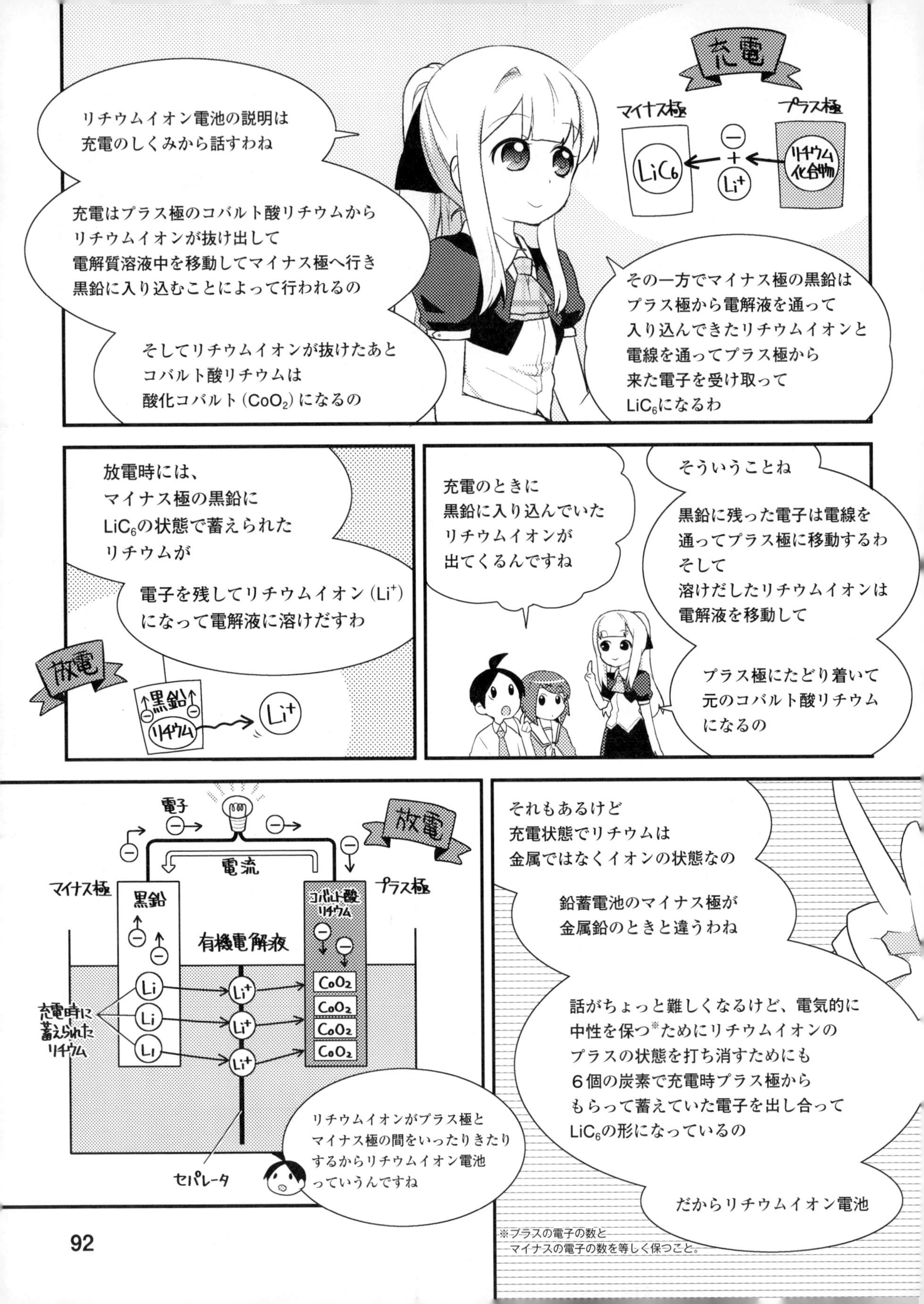
充電
マイナス極
プラス極
LiC_6
⊖
+
Li^+
リチウム化合物
リチウムイオン電池の説明は
充電のしくみから話すわね
充電はプラス極のコバルト酸リチウムから
リチウムイオンが抜け出して
電解質溶液中を移動してマイナス極へ行き
黒鉛に入り込むことによって行われるの
そしてリチウムイオンが抜けたあと
コバルト酸リチウムは
酸化コバルト（CoO_2）になるの
その一方でマイナス極の黒鉛は
プラス極から電解液を通って
入り込んできたリチウムイオンと
電線を通ってプラス極から
来た電子を受け取って
LiC_6になるわ
放電時には、
マイナス極の黒鉛に
LiC_6の状態で蓄えられた
リチウムが
電子を残してリチウムイオン（Li^+）
になって電解液に溶けだすわ
放電
黒鉛
リチウム
Li^+
充電のときに
黒鉛に入り込んでいた
リチウムイオンが
出てくるんですね
そういうことね
黒鉛に残った電子は電線を
通ってプラス極に移動するわ
そして
溶けだしたリチウムイオンは
電解液を移動して
プラス極にたどり着いて
元のコバルト酸リチウム
になるの
電子
放電
電流
マイナス極
プラス極
黒鉛
コバルト酸リチウム
有機電解液
Li
Li^+
CoO_2
充電時に蓄えられたリチウム
セパレータ
リチウムイオンがプラス極と
マイナス極の間をいったりきたり
するからリチウムイオン電池
っていうんですね
それもあるけど
充電状態でリチウムは
金属ではなくイオンの状態なの
鉛蓄電池のマイナス極が
金属鉛のときと違うわね
話がちょっと難しくなるけど、電気的に
中性を保つ※ためにリチウムイオンの
プラスの状態を打ち消すためにも
６個の炭素で充電時プラス極から
もらって蓄えていた電子を出し合って
LiC_6の形になっているの
だからリチウムイオン電池

※プラスの電子の数と
マイナスの電子の数を等しく保つこと。

リチウムイオン電池には
いろいろな形が
あるんですか？
リチウムイオン電池には
円筒形、角形、ラミネート形
の３種類が生産されているわ
この図は
角形電池の構造を
示したもので
一次電池より複雑な
構造になっているわ
ガスケット
(またはパッキング)
マイナス極端子
封口板
ガス排出弁
マイナス極タブ
プラス極タブ
セパレータ
プラス極板
プラス極
(アルミ缶)
セパレータ
プラス極板
万一、電池内の温度が上がって
内部の圧力が上がっても
電池が膨れて破裂しないように
ガス排出弁が付いているの
このようなガス排出弁は
円筒形やラミネート形
それからニッケル·水素電池
にも付いているわ
この円筒形が
一番低コストで
もっとも高い容量が
得られるのよ
円筒形
Li-ion
角形は携帯電話や
デジタルカメラなどに
使われるわね
角形
携帯電話は優秀な
リチウムイオンを
使ってるのに
充電しなきゃ
意味ないよね
フフン

ラミネート形は
角形の金属缶の代わりに
ラミネートフィルムを
使っているの
電解液が液体のものと
ゲルの中に電解液を封じ込めた
ポリマー状のものがあるわ
ラミネート形
ポリマー状電解液の
電池は液漏れがないの
これからは
このリチウムイオン電池
を大型化して
ハイブリッド車や電気自動車の
動力用電源として活躍する
ことが期待されているわね
家庭用充電プラグ
インバータ
車載充電器
急速充電用
プラグ
モータ
リチウムイオン電池
電気自動車
ガソリン
電気
電池
充電
システム
エンジン
モータ
燃料タンク
ハイブリッド車
それに電気自動車は
太陽電池、風力発電
なんかで発電された電力や
夜間の余剰電力の
貯蔵用としても広く
使われようとしているの
しかも安価で
もっと高いエネルギー
密度の電池をめざして今も
研究開発が続いているの
貯蔵
リチウムイオン電池は
これからの時代をつくっていく
可能性のある電池なんですね

つぎに
ナトリウム・硫黄電池の
話をしましょう
NaS（ナス）電池
とも言うわ
ナトリウムと硫黄を
使った電池ですか？
ええ、そうよ
ナトリウム・硫黄電池
マイナス極活物に
金属ナトリウム（Na）
プラス極活物質に
硫黄（S）
を使用する
二次電池で
この原理は1967年
フォード・モーター社より
発表されたの
え
自動車メーカーの
フォードですか？
その通り
この電池の特徴は
βアルミナ
($(Na_2O)_{1+x}\cdot 11Al_2O_3$)
という固体電解質を
使っているところなの
？
固体電解質？

固体電解質というのは 固体なのにイオンを通す 性質がある物質のことよ
固体なのにイオンが 通れるんですか!?
固体電解質
通れるの
すごいでしょ
んっふふ
βアルミナは ナトリウムイオン（Na^+）を 通す性質があるわ
350℃付近で使用されると 両極の活物質は 溶融状態になる
ナトリウムイオン
βアルミナ （固体電解質）
放電過程で ナトリウムは イオンとなり
そのナトリウムイオンに 取り残された電子は 外部回路に放出されるわけね
ナトリウムイオンは 固体電解質中を通って プラス極に向かうんですか？
その通り
プラス極にたどり着いた ナトリウムイオンは 硫黄と反応して 多硫化ナトリウム（Na_2S_x）が 生成されるの
ナトリウムイオン ＋ 硫黄 → 多硫化 ナトリウム

貯蔵用
ナトリウム・硫黄電池
電力会社
この電池は
エネルギー密度が高いうえに
高価な物質を使用しないから
大型蓄電システムとして電力会社で
余剰電力を貯蔵するのに大活躍しているわ
エネルギー密度が高いのに
安くつくれるなら
理想的な電池ですね
エネルギー高
コスト安
だけど金属ナトリウムは
水と反応すると危険だし
金属ナトリウム＋水
危険
硫化ナトリウム＋水
危険
放電生成物の硫化ナトリウムは
水と反応すると、毒性の強い
硫化水素（H_2S）が発生してしまうの
注意しないと
危険な電池なんですね
そういうこと
扱う際には細心の
注意が必要ね

3.3 二次電池の規格

さて
いろいろな二次電池の話をしてきたけど、最後に二次電池の規格を話しておきましょうか

・単電池系を表す記号

	記号	種類	正極	電解液	負極	公称電圧(V)
二次電池	H i)	ニッケル・水素電池	ニッケル酸化物	アルカリ水溶液	水素吸蔵合金	1.2
	K ii)	ニッケル・カドミウム電池	ニッケル酸化物	アルカリ水溶液	カドミウム	1.2
	IC iii)	リチウムイオン電池	リチウム複合酸化物	非水系有機電解液	炭素	3.7
	PB	鉛蓄電池	二酸化鉛	希硫酸	鉛	2.0

i) 実例として、NH、HH、THなどが用いられる場合があります。

ii) 実例として、N、Pなどが用いられる場合があります。

iii) 実例として、CG、ICP、LIP、U、UPなどが用いられる場合があります。

二次電池の規格には単電池系を表す記号としてこんなものがあるわ

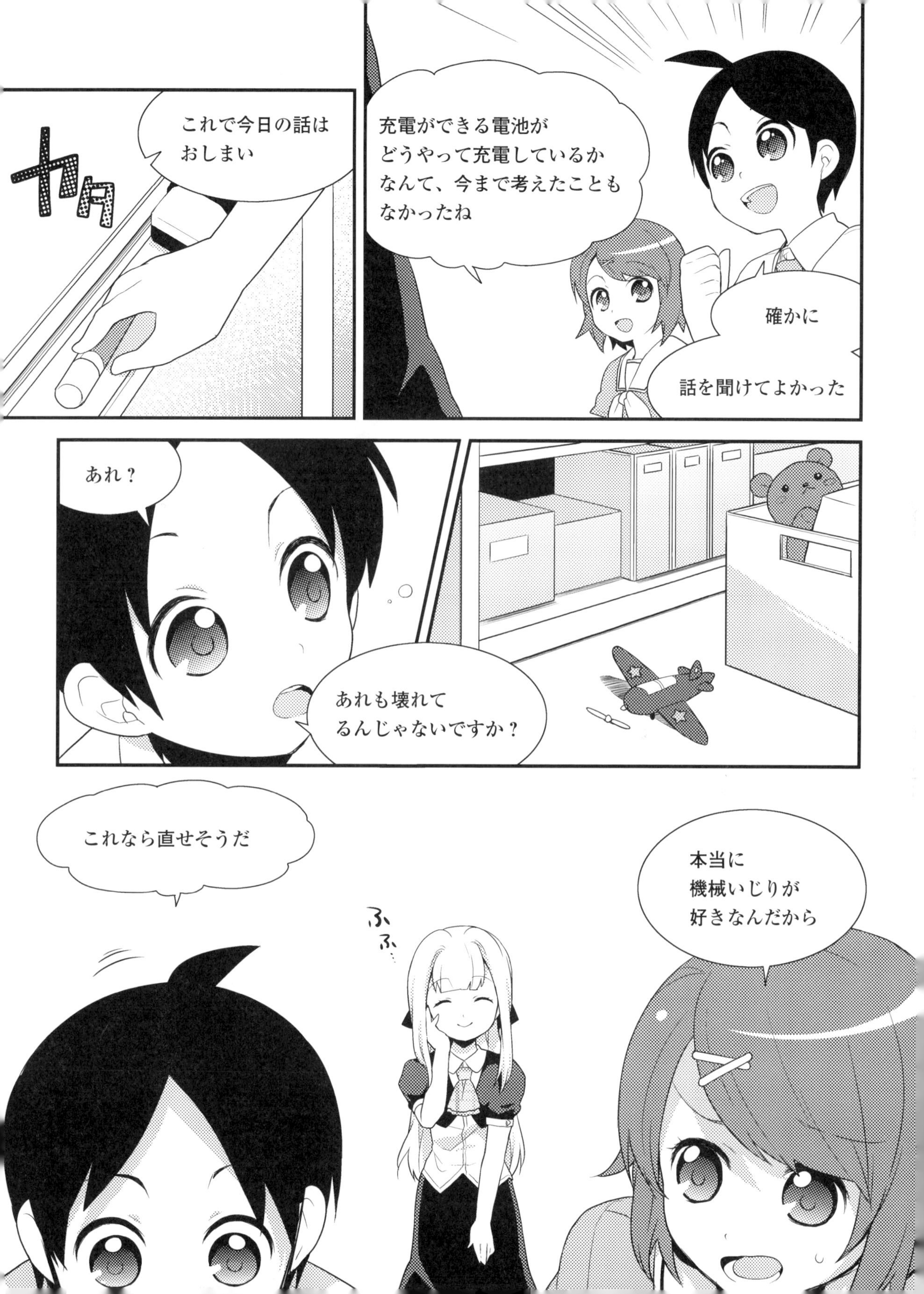
カタ
これで今日の話はおしまい
充電ができる電池がどうやって充電しているかなんて、今まで考えたこともなかったね
確かに
話を聞けてよかった
あれ？
あれも壊れてるんじゃないですか？
これなら直せそうだ
ふふ…
本当に機械いじりが好きなんだから

フォローアップ

二次電池の寿命と劣化

二次電池は何回も充放電をくり返していると徐々に放電時間が短くなり、ついには充電できなくなります。容量劣化の原因は電池によって異なり、種々様々です。

鉛畜電池はすでに述べたようにサルフェーションや集電体（格子、グリッド）の腐食が原因とされています。

リチウムイオン電池は、初期容量の60％まで容量が低下した時をその電池の充放電サイクル寿命としていますが、他の二次電池とは異なり、正・負極活物質上での被膜生成が充放電サイクル劣化の主原因と考えられています。充電状態の正極、負極は非常に活性なために、電解液の有機溶媒と徐々に反応してリチウムを含む有機化合物や無機化合物の被膜をつくります。この被膜生成の過程で電池反応に関与するリチウムイオンや電解液が消費され、その結果、サイクル劣化を招きます。このように電池容量の低下の原因は非常に複雑です。

過充電と過放電とは

過充電とは、電池の定格容量を超えて電池が充電されることを言います。電池の放電容量は電池の容器内に詰め込まれた活物質の量によって決まります。電池の安全性などを考慮して一般に正極活物質量と負極活物質量は等しくなく、どちらかが多く入っています。そのため、電池の放電容量は少ない方の活物質の量によって決まることになります。

充電時にもこの少ない方の活物質の容量が満たされるまで充電が続き、他方の活物質には未充電部分が残っていることになります。電池が正常な場合は問題になりませんが、徐々に劣化し容量が少なくなってくると充電器は定められた一定の容量まで充電しようとしますので、容量の少ない活物質側で強制的に別の反応、たとえば活物質の構造破壊、電解液の電気分解によるガス発生などが起こるため、危険です。

このため、二次電池内には一定以上の内部圧力になった時、内部にたまったガスが外に抜け出るように安全弁が組み込まれています。また、リチウムイオン電池では過充電が進むと電解液の分解が起こり、続いて正極と電解液との反応が起こります。特に過充電状態の正極では結晶が崩壊して酸素を放出し、この酸素が電解液を酸化分解して発熱するために、電池内部の温度が上昇します。温度上昇が継続すると熱暴走と呼ばれる反応が起こって、発煙や発火を引き起こすことがあるので危険です。このため、リチウムイオン電池では電池が過充電にならないよう、過充電を防止するための保護回路が設けられています。

一方、過放電とは何らかの理由で電池容量を超えて強制的に放電せざるを得なくなった時で、同様に電解液の電気分解によるガス発生が起こります。

このような過充電、過放電は電池を複数個直列につないで使用する組電池に起こりやすいのです。組電池を構成する時には容量の揃った電池を用いるのは当然のことですが、充放電サイクルが進むとどうしても組電池の中の1個に他より劣化の進んだ容量の小さな電池が出てきます。そのような状態の組電池を充電や放電をすれば、その劣化した1個の電池は過充電や過放電を強制的に受けることになります。

宇宙衛星では組電池として多数のリチウムイオン電池が使用されますが、このような危険を避けるために1個ごとに電池電圧を測定するとともに温度センサーで電池側面の温度を測定し、異常が検出されると直ちにその電池を電気回路から除くようにコンピュータで制御されています。

以上の理由からマンガン乾電池やアルカリ乾電池を複数個使う時も必ず同じメーカーの製品を用いる必要があります。また、古い電池と新しい電池を混ぜて使用することは避けなければなりません。たとえば4個直列（1.5V × 4 = 6V）で使う時に1個だけ容量の少なくなった古い電池が入っているとその電池の容量がなくなってもまだ4.5Vありますから、古い電池では過放電されて電解液の電気分解が起こり、ガス発生による電池の膨らみ、液漏れなどが起こりやすくなるのです。

メモリー効果

ニッケル・水素電池は500回程度の充放電ができますが、この電池には残量があるのにくり返し継ぎ足し充電をすると有効電圧までの放電容量が減ってしまうメモリー効果という不思議な現象があります。この現象は電池が劣化したのではなく、見かけ上、電池が継ぎ足し充電時の少ない充電容量を自己容量として記憶（メモリー）してしまうように見えることからこう呼ばれています。実際には、完全放電せずに浅い放電後充電するということをくり返していると、図3.1の放電曲線Bのように、放電電圧が低下し、有効な放電電圧までの容量(放電時間)が減ってしまうのです。

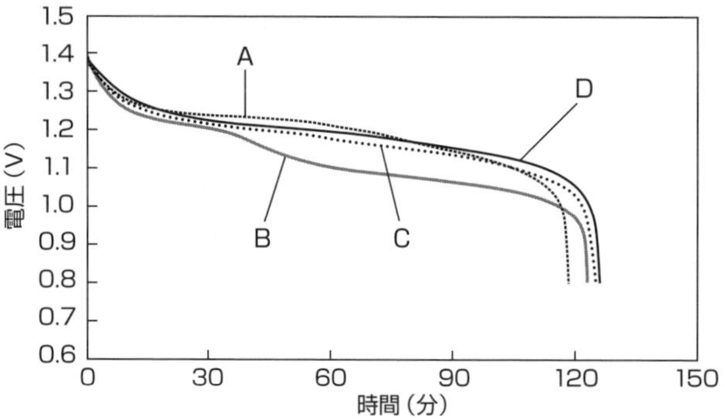

A：正常な電池。B：浅い放電と充電を300回くり返した後の放電曲線。C：Bを測定後、充電した後得られた放電曲線。D：Cを測定後、充電した後得られた放電曲線。
メモリー効果（B）を引き起こすため、50mAで1.2Vまで放電後、50mAで16時間充電することを300回くり返した。A-Dの放電電流は250mA、充電電流は50mAで16時間実施。

●図3.1　単3形ニッケル・水素二次電池の放電曲線（30℃）

メモリー効果が起きたら、専用の充放電装置で完全放電と充電を数回くり返すと図のC、Dのように再び容量は回復します。最近のニッケル・水素電池充電装置にはメモリー効果防止機能が組み込まれています。メモリー効果の原因は、浅い放電と充電のくり返しによって、電池は過充電状態になってプラス極側材料であるβ-オキシ水酸化ニッケルの結晶構造が変化してγ-オキシ水酸化ニッケルに変わるためで、この物質はβ-オキシ水酸化ニッケルより、電位が低く、抵抗が大きいためと言われています。

リチウムイオン電池の安全性

リチウムイオン電池には、石油類の一種である発火や引火しやすい有機溶媒が使用されています。そのため、リチウムイオン電池には水溶液系電池に比べ、はるかに多種類の安全治具が取り付けられて万一の事故を防ぐようになっています。たとえば、電池本体には、高温になると電流が遮断される温度ヒューズ(PTC素子)、内部の圧力が高まった時、ガスを外部に放出し破裂を防ぐためのガス排出弁、低融点セパレータ（融点以上になるとセパレータが溶け、その微孔をふさぎ、イオンの流れを遮断する）などです。

また、電池パック、組電池、充電器には温度検出機能、過充電、過放電あるいは過大電流保護装置やヒューズなどの保護対策がなされています。しかし、加熱、衝撃、過充電や電解液漏れと内部短絡が複合的に起こった場合、このような保護システムが機能せず、あるいは機能しても防ぎきれないために発火事故が起こることがありました。そこで2007年、社団法人電子情報技術産業協会（JEITA）と社団法人電池工業会（BAJ）から「ノート型PCにおけるリチウムイオン二次電池の安全利用に関する手引書」が発行されました。

また、発火事故を起こさないようにするためには製造不良品を出さないようにすることに加え、たとえ不良品があったとしても発火に至らないような設計にすることが肝心です。2007年、日本工業規格（JIS C 8714）「携帯電子機器用リチウムイオン蓄電池の単電池及び組電池の安全性試験」が制定されました。そして、改正消費者生活工業製品安全法（省安法）と改正電気用品安全法（電安法）が参院本会議で可決されます。

2008年11月20日以降、輸入品も含めてリチウムイオン電池は自主検査を義務付ける「特定製品」に指定され、国の安全基準として、上記のJISを満たさなければならないことになりました。このJISではリチウムイオン電池の単電池および組電池の安全性を担保するために、万一製造工程で金属の微粉末が電池内に混入しても内部短絡により発火しないことを次のような安全性試験によって確認することを規定しています。したがって、図3.2に示すような形状のニッケル小片を準備してから、電池としては最も活性が高い充電状態の電池を専門家が適切な保護措置を講じた上で、注意深く解体し、図3.3のように電極間にその小片を配置後電極を巻き戻し、電池として復元させます。くわしいことは省きますが、これはこの電池を加圧して正負極間を内部短絡させても発火しないことを確認するというものです。

このほか、リチウムイオン電池の安全性を確保するために表3.1に示すような多くの規則等が制定されております。わが国は本電池の安全性に関わり、世界で最も進んだ認識を持っているといってもよいでしょう。

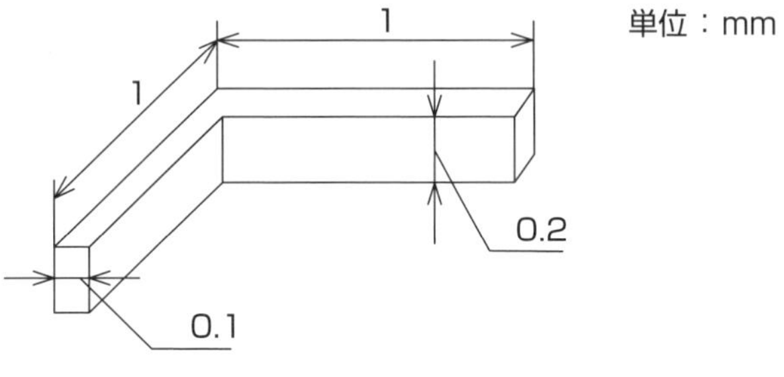

（JIS C 8714：2007より）

●図3.2　ニッケル小片の形状

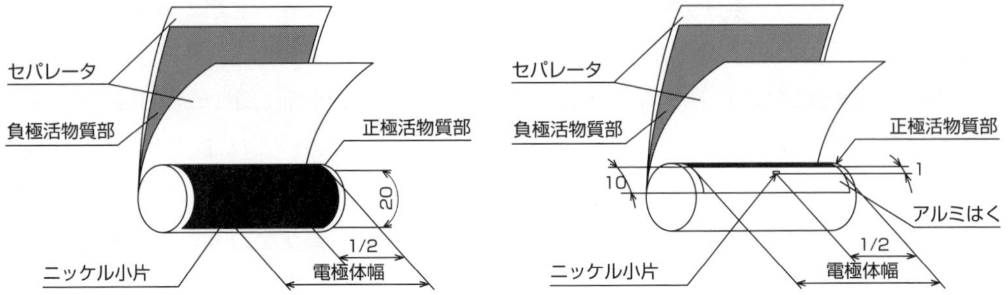

(a)　正極活物質部 - 負極活物質部間　　　(b)　正極アルミはく部 - 負極活物質部間

(JIS C 8714 : 2007 より)

●図3.3　円筒形電池のニッケル片の配置場所

●表3.1　リチウムイオン電池の安全性に関わる諸規則

規格記号	名称	提案団体	発行年
なし	カメラ用リチウム電池の安全性評価のためのガイドライン	電池工業会（BAJ）	1988（改訂）
UL 1642	A safety standard for lithium batteries	Underwriters Laboratories Inc (UL)	2007（改訂）
SBA G 1101	リチウム二次電池安全性評価基準ガイドライン	電池工業会（BAJ）	1997
JIS C 8711	ポータブル機器用リチウム二次電池	日本工業規格（JIS）	2006
JIS C 8712	密閉形小形二次電池の安全性	日本工業規格（JIS）	2006
JIS C 8713	密閉形小形二次電池の機械的試験	日本工業規格（JIS）	2006
JIS C 8714	携帯電子機器用リチウムイオン蓄電池の単電池及び組電池の安全性試験	日本工業規格（JIS）	2007
なし	ノート型PCにおけるリチウムイオン二次電池の安全利用に関する手引書	電子情報技術産業協会(JEITA)、電池工業会（BAJ）	2007
SBA S 1101	産業用リチウム二次電池の安全性試験（単電池及び電池システム）	電池工業会（BAJ）	2011
UN3846	危険物輸送に関する国連勧告	国連危険物輸送専門家委員会	2001

電気自動車と制御

電気自動車(EV:Electric Vehicle)は、ガソリンエンジンの代わりに電気モータを使って走ります。歴史は古く、1800年代にロンドンやニューヨークではすでに電気自動車が走っていました。しかし、1800年代後半にカール・ベンツ（ドイツ）やゴットリーブ・ダイムラーによって、安価なガソリン自動車が開発され、電気自動車は姿を消していきました。

●図3.4　1900年頃の電気自動車

ところが1900年代後半になると環境問題が叫ばれるようになり、再び電気自動車が注目を集めるようになりました。ガソリンエンジンは窒素酸化物などの環境汚染物質を出しますが、電気自動車は走行中に大気汚染物質であるNO_x（窒素酸化物）や地球温暖化の原因といわれるCO_2(二酸化炭素)は出しません。また、騒音や振動もほとんどない、環境に優しい乗り物です。

●図3.5　電気自動車

電気自動車は、駆動用バッテリ、駆動用モータ、制御装置、などから構成されています。

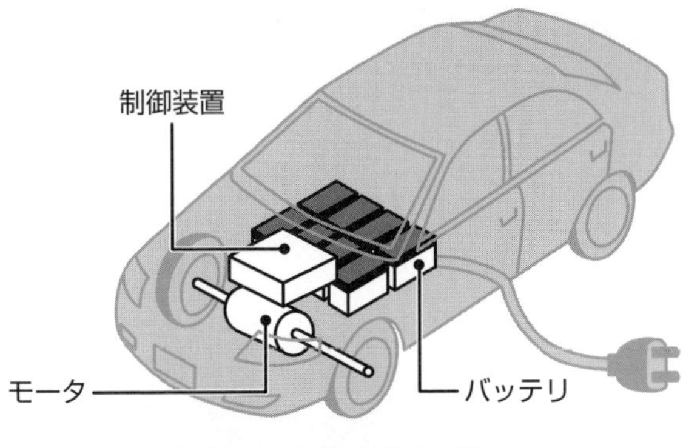

●図3.6　電気自動車の構成

駆動用バッテリには、鉛蓄電池、ニッケル・水素電池、リチウムイオン電池などが実用化されていますが、中でも、エネルギー密度の高いリチウムイオン電池が主流となっています。

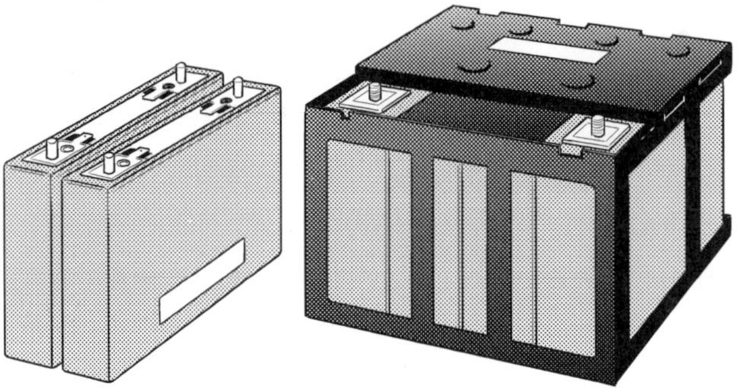

●図3.7　電気自動車用電池

駆動用モータは、直流用と交流用がありますが、現在はエネルギー効率の優れた永久磁石形同期モータ（SM：Synchronous Motor）が主流になっています。このモータは、回転子にネオジムなどのレアアース（希土類元素）を使った強力な永久磁石、固定子に界磁コイルを配置した構造で、界磁コイルに与える交流電流の周波数に比例した速度で回転します。

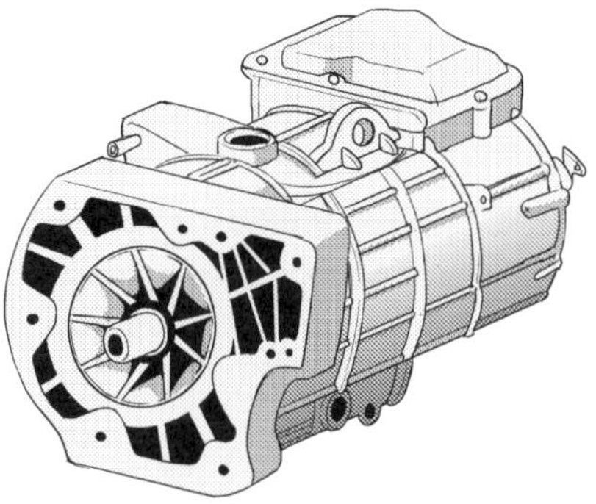

●図3.8　永久磁石形同期モータ

強力な磁石に欠かせないレアアースは、その産出が特定の国に偏在し、資源調達のリスクが高いため、レアアースを含まない強磁性材料の研究開発が進められています。また、レアアース磁石を使わず、安価なフェライト磁石を使った新構造の高出力モータもすでに開発されています。

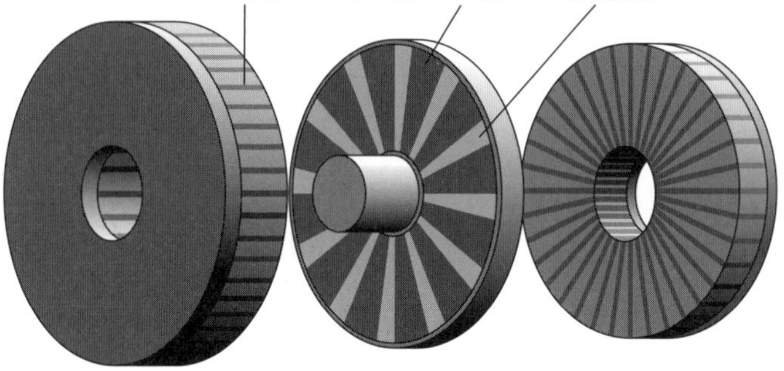

●図 3.9　フェライト磁石を使った高出力のロータセグメント形アキシャルギャップモータ

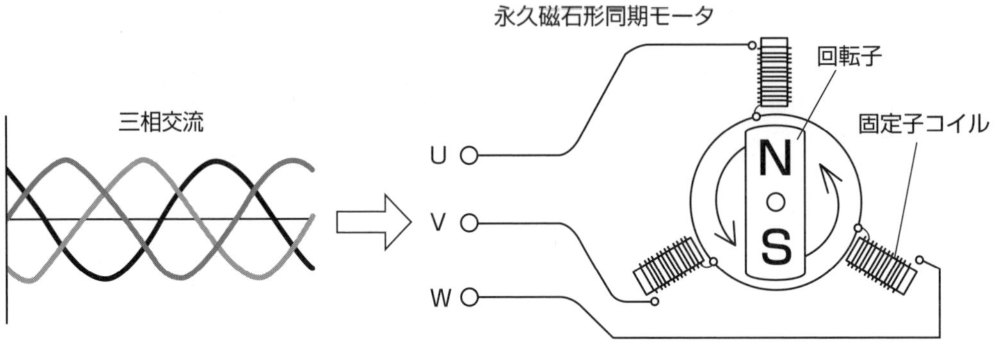

●図3.10　永久磁石形同期モータの原理

モータの駆動は、バッテリに蓄えられた直流電圧をVVVFインバータ（可変電圧可変周波数制御：Variable Voltage Variable Frequency）で三相交流に変換し、周波数と電圧を任意に変えることで回転速度を制御します。

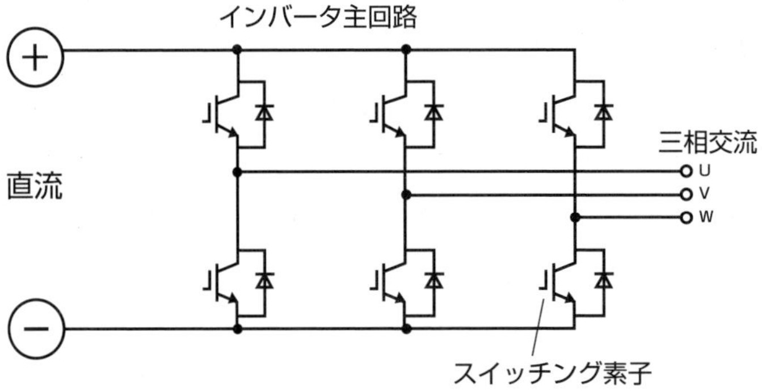

●図3.11　インバータ回路

適正な回転トルクを得るために、モータの電流を磁束成分とトルク成分に分けて制御するベクトル制御が採用されています。また、モータ本体に位置検出器などのセンサを使わず、トルクや回転数を各コイルの電流から演算回路によって求める、センサレス制御の技術も開発されています。

永久磁石形同期モータは、発電機としても利用できます。ガソリン車はブレーキをかけると運動エネルギーを熱エネルギーにして大気に捨てていますが、電気自動車は、減速時には駆動用モータを発電機にして、運動エネルギーを電気エネルギーに変換し、バッテリに回収（充電）する回生ブレーキを構成しています。

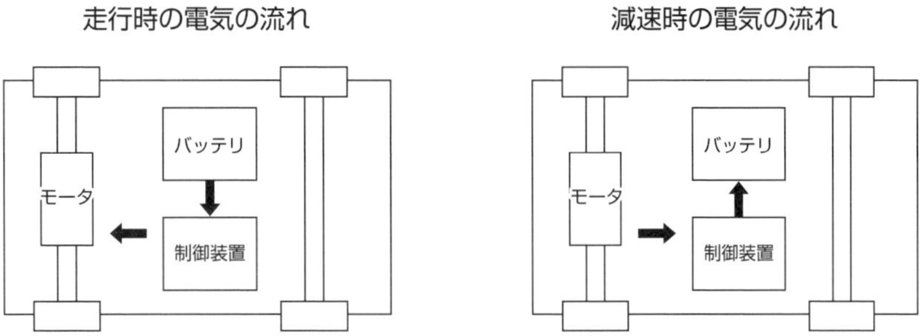

●図3.12　回生ブレーキ

電気自動車は、ガソリン車に比べ、騒音が少なく、CO_2やNO_xを出さない、などの特徴がありますが、まだ1回充電あたりの走行距離は短く、充電に時間がかかるなど、改善すべき課題もたくさんあります。また、騒音が小さすぎるため、低速走行時に歩行者が気付きにくい問題もあり、人工的に音を出すなど、安全対策も必要です。

温度によって変わる使用時間（放電時間）

電池反応は一種の化学反応ですから、一般に温度が高くなるほど反応速度が速くなり、作動電圧、電流ともに高く、放電時間も長くなります。図3.13は、電流値を0.25Aの定電流で放電した場合の円筒形リチウムイオン電池（18650、直径18.1mm、高さ64.4mm、公称容量2150mAh）の放電曲線です。温度が高くなるほど放電容量、すなわち使用時間が長くなることがわかります。低温で使えなくなった電池も室温に置けば、残りの容量は放電可能です。このような状況はマンガン乾電池、アルカリ乾電池、ボタン電池等でも同じです。

ただし、高温下では自己放電が促進され、特に休止時間の長い間欠放電用途ではかえって使用時間が短くなることがあります。したがって、使用温度は60℃以下にすることが推奨されています。

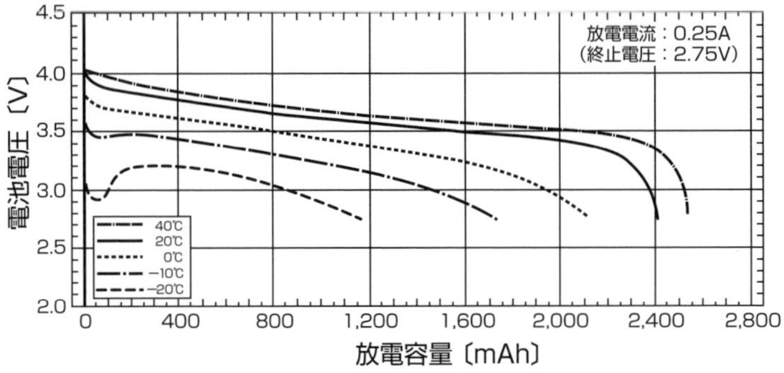

（三洋電機株式会社ホームページより）

●図3.13　円筒形リチウムイオン電池（18650）の放電曲線

宇宙衛星と電池

現在、宇宙には多くの衛星が打ち上げられ、貴重な情報を地球に送信しています。そのためには電力が不可欠で太陽電池と二次電池が搭載されています。太陽電池のみでは宇宙衛星が地球の陰に入った時、発電できませんから太陽電池で発電された電力は二次電池に充電しておきます。

1969年７月、月面に着陸したアポロ11号や当時活躍した多くの宇宙衛星にはニッケル・カドミウム二次電池やアルカリ形燃料電池が搭載されていました。その後、ニッケル・カドミウム二次電池はニッケル・水素電池に置き換えられ、現在に至っています。

そして、2010年６月13日、数々の危機を乗り越えて奇跡的な地球帰還を果たした「はやぶさ」には衛星専用リチウムイオン電池が搭載され、大活躍したのです。この電池は「はやぶさ」の打ち上げ、地球スウィングバイ、「イトカワ」への着陸、「イトカワ」の観察と安全確保など主要な作業のほか、さまざまな機器のバックアップ電源として長期にわたり運用されました※。このリチウムイオン電池は組電池ですが、「イトカワ」でのサンプル採取後に起きたトラブルによって、組電池中の一部の単セルが損傷を受けました。しかし、サンプル採取容器のふた閉め作業に電池が必要であったため、損傷を受けたセルを含んだまま残りの正常なセルを使うという大変厳しい条件を見事に乗り越え、無事作業を完了させることができました。そして、「はやぶさ」は大気圏に突入し、７年間にわたる長い航海を終えて地球に着陸し、土壌サンプルの収納されているカプセルは無事回収されました。金星探査機「あかつき」にもリチウムイオン電池が搭載されています。今後打ち上げられる多くの観測用探査機にはリチウムイオン電池が搭載されていくことでしょう。

※FBテクニカルニュース、No.66、p.56（2011）、No.67、p.1、p.29（2012）。

第4章

燃料電池

4.1　電気分解と燃料電池

さっきの男の人たち
お客さんですか？
いいえ…
あの人たちは
不動産屋さんよ
不動産屋さん？
この博物館を閉館にして
建物を売りに出そうかと
思って…
ええ!?

こんなに面白い博物館なのに
もったいないですよ！
ふふ ありがとう
でも…
でもお客さんが入らなくちゃ続けられないし
続ける意味もないわ
そっ
お父さんから受け継いだ博物館だから わたしだって手放したくないけど
仕方ないのよ
でもあなたたちに電池の話を全部するまではちゃんと開館しているから安心して
ニコッ

今までに化学電池の中で
一次電池と二次電池の
話をしてきたわよね
はい
化学電池の最後の
１つは何だったか
覚えてる？
えっと
燃料電池ですか？
そう
その通り
燃料電池
最後の１つは
燃料電池よ
燃料ってことは
何かを燃やすんですか？
エネルギー？
燃料と聞くと何かを
燃やしそうなイメージが
あるかもしれないけど
火は使わないわ
むしろ
燃料電池ではコレが
出てくるくらいなんだから
チャプ

水？
そう
それじゃ、燃料電池の話をしていきましょうか
燃料電池の話をする前に
水の電気分解について話をするわね
まずは水（H_2O）に電気が通りやすいように水酸化ナトリウム（NaOH）を溶かすわよ
電極
水酸化ナトリウム水溶液
こうやってできた水酸化ナトリウム水溶液に電気を流すと
どうなるかわかる？

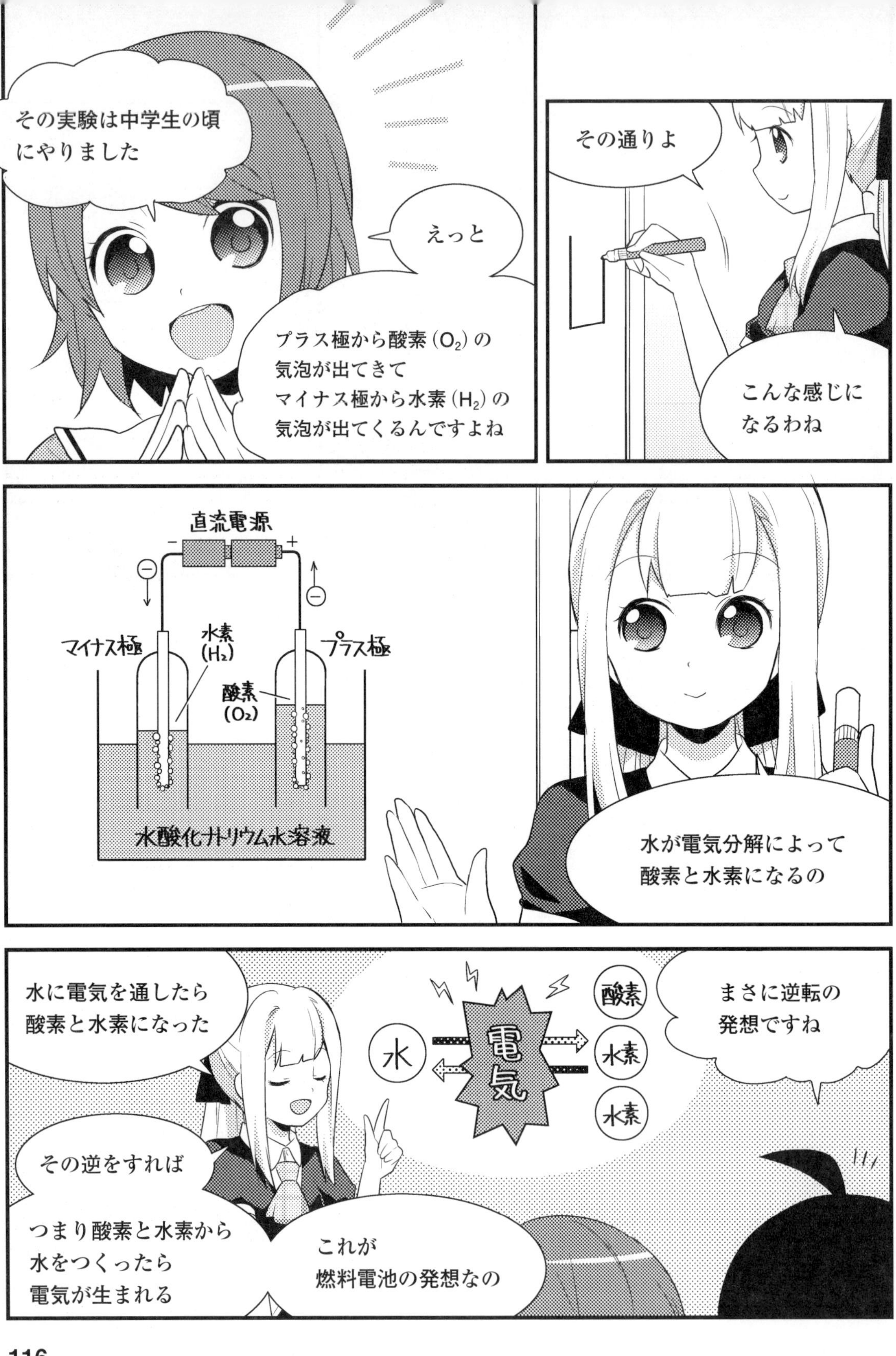

その実験は中学生の頃にやりました
えっと
プラス極から酸素（O_2）の気泡が出てきてマイナス極から水素（H_2）の気泡が出てくるんですよね
その通りよ
こんな感じになるわね
直流電源
−
+
マイナス極
水素（H_2）
プラス極
酸素（O_2）
水酸化ナトリウム水溶液
水が電気分解によって酸素と水素になるの
水に電気を通したら酸素と水素になった
水
電気
酸素
水素
水素
まさに逆転の発想ですね
その逆をすれば
つまり酸素と水素から水をつくったら電気が生まれる
これが燃料電池の発想なの

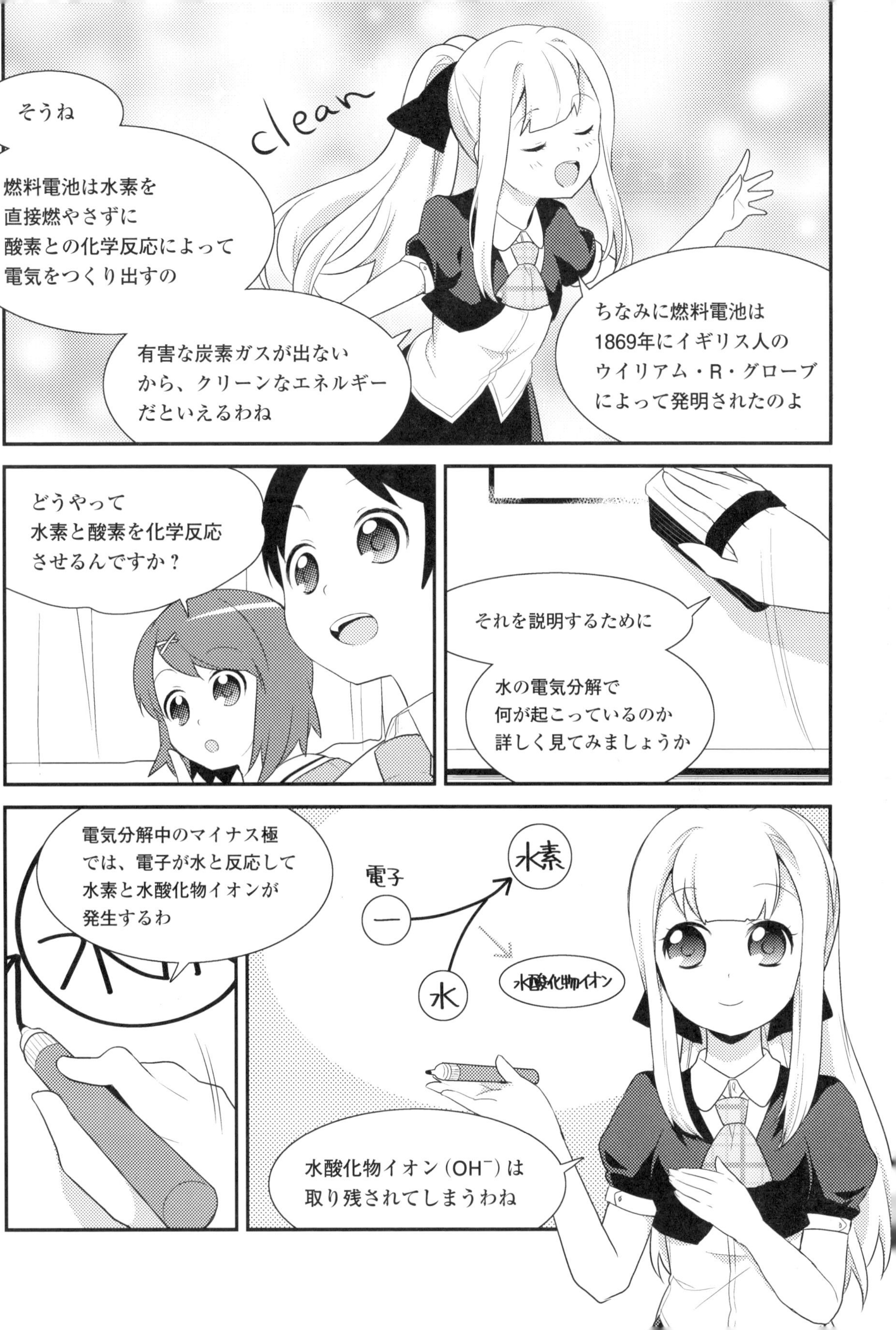
そうね
clean
燃料電池は水素を
直接燃やさずに
酸素との化学反応によって
電気をつくり出すの
有害な炭素ガスが出ない
から、クリーンなエネルギー
だといえるわね
ちなみに燃料電池は
1869年にイギリス人の
ウイリアム・R・グローブ
によって発明されたのよ
どうやって
水素と酸素を化学反応
させるんですか？
それを説明するために
水の電気分解で
何が起こっているのか
詳しく見てみましょうか
電気分解中のマイナス極
では、電子が水と反応して
水素と水酸化物イオンが
発生するわ
電子
ー
水
水素
水酸化物イオン
水酸化物イオン（OH⁻）は
取り残されてしまうわね

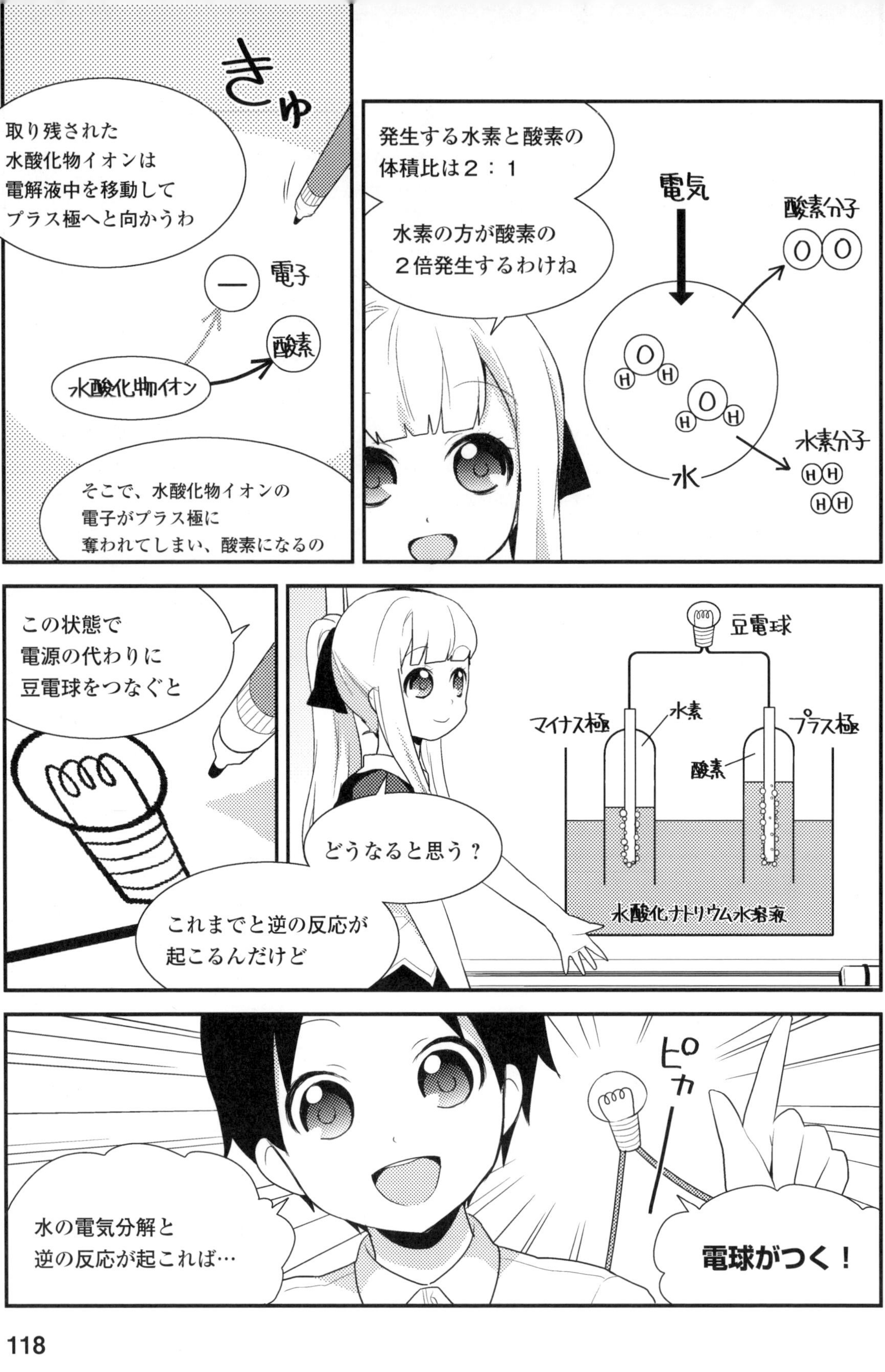
きゅ
取り残された
水酸化物イオンは
電解液中を移動して
プラス極へと向かうわ
電子
酸素
水酸化物イオン
そこで、水酸化物イオンの
電子がプラス極に
奪われてしまい、酸素になるの
発生する水素と酸素の
体積比は２：１
水素の方が酸素の
２倍発生するわけね
電気
酸素分子
水
水素分子
この状態で
電源の代わりに
豆電球をつなぐと
豆電球
マイナス極
水素
プラス極
酸素
水酸化ナトリウム水溶液
どうなると思う？
これまでと逆の反応が
起こるんだけど
ピカー
水の電気分解と
逆の反応が起これば…
電球がつく！

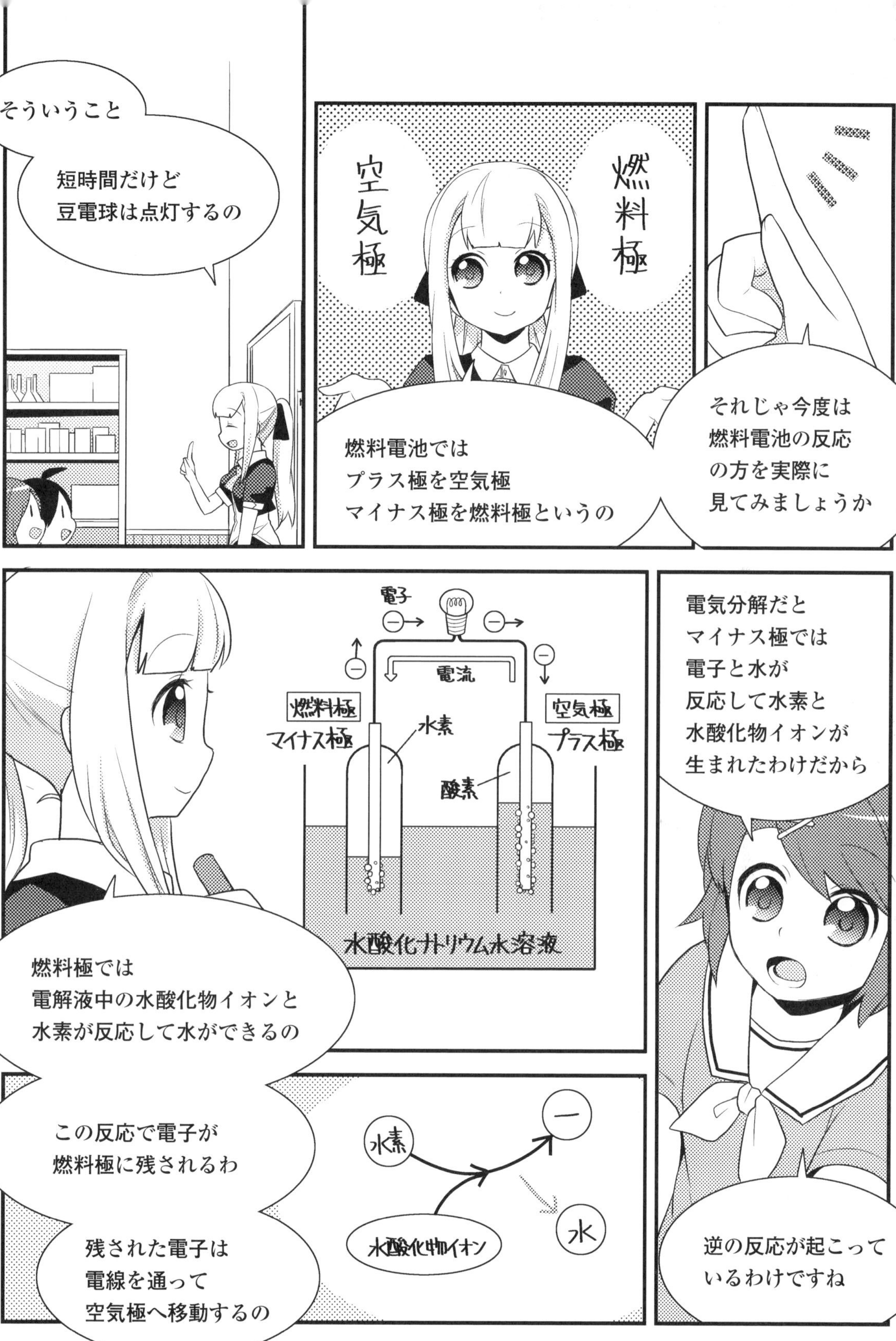
そういうこと
短時間だけど
豆電球は点灯するの
空気極
燃料極
燃料電池では
プラス極を空気極
マイナス極を燃料極というの
それじゃ今度は
燃料電池の反応
の方を実際に
見てみましょうか
電子
電流
燃料極
マイナス極
水素
空気極
プラス極
酸素
水酸化ナトリウム水溶液
燃料極では
電解液中の水酸化物イオンと
水素が反応して水ができるの
電気分解だと
マイナス極では
電子と水が
反応して水素と
水酸化物イオンが
生まれたわけだから
逆の反応が起こって
いるわけですね
この反応で電子が
燃料極に残されるわ
残された電子は
電線を通って
空気極へ移動するの
水素
水酸化物イオン
水

電気分解だと
プラス極では水酸化物イオンが
電子を放出して酸素になる
わけだから
そう
正反対ね
一
酸素
水
水酸化物イオン
一方の空気極では
燃料極から電線を通って移動してきた
電子を、水と酸素が取り込み
水酸化物イオンが生まれるの
やっぱりこれも
逆の反応なんですね
そうよ
こうやって
燃料電池は
電気
O O
酸素分子
H H
H H
水素分子
H O H
H O H
水
熱
酸素と水素から
電気をつくり出し
同時に水と熱を
つくり出すの

エネルギー
熱も発生するなら
そのエネルギーも
利用できますね！
そうね
そこも燃料電池が
エネルギー効率のいい発電
だといわれる理由ね
ステキねー
これって酸素と水素が
どんどん水になっちゃう
わけですよね
酸素と水素が
なくなったらどう
なっちゃうんですか？
そうなると
外部から補充して
やるしかないわ
補充しつづければ
常に電気が流れるわ
へー
クリーンで
効率が良くて
燃料（水素）と酸素※を
補給すればいつでも
使えるんですね♪
clean

※酸素（空気）ちなみに空気の約２割が酸素で残りは窒素である。

4.2　燃料電池の種類と特徴

それじゃ、次に燃料電池の種類と特徴について話しましょうか
え？
酸素と水素の燃料電池にも種類があるんですか？
いえ、酸素と水素を使うのは同じ
違うのは電解質よ
電解質の種類から
アルカリ形、リン酸形
固体高分子形
固体酸化物形
溶融炭酸塩形
に分類することができるわ
Ver.1
Ver.2
Ver.3
Ver.4
Ver.5
酸素と水素以外で燃料電池はできないんですか？
水素の代わりにメタノールを使うメタノール燃料電池というのもあるわね
ただし
こちらはまだ実用化が検討されているっていう段階だけどね

電解質にアルカリ性の
水酸化カリウムを使うものを
アルカリ形燃料電池と呼ぶわ
この燃料電池はアポロ宇宙船でも使われたのよ
宇宙船！
うちゅーせん
本当にススムはいつまでたっても『男の子』なんだから
ふふ
でもそういう純真な心を忘れない人って素敵よ
……

アルカリ形燃料電池では
水酸化物イオンが
空気極から出て
電解液を移動し
燃料極で水素と
反応して水になるの
−
+
燃料極
空気極
水
これに対して
電解質にリン酸を用いた
リン酸形燃料電池では
燃料極から出た水素イオンが
電解液を移動し
空気極で酸素と反応して
水になるわ
燃料極
空気極
水
水の発生する
場所が違うんですね
そういうことね
固体高分子形燃料電池は
電気自動車用のエネルギー源
として期待されているわ
固体高分子形
燃料電池
家庭の中で
燃料電池が
使われることは
ないんですか？
あるわよ
家庭用燃料電池は
空気中の酸素と
天然ガスや LPガスなどの
燃料から燃料改質器で
取り出した水素を反応させて
電気をつくり出すものが多いわね

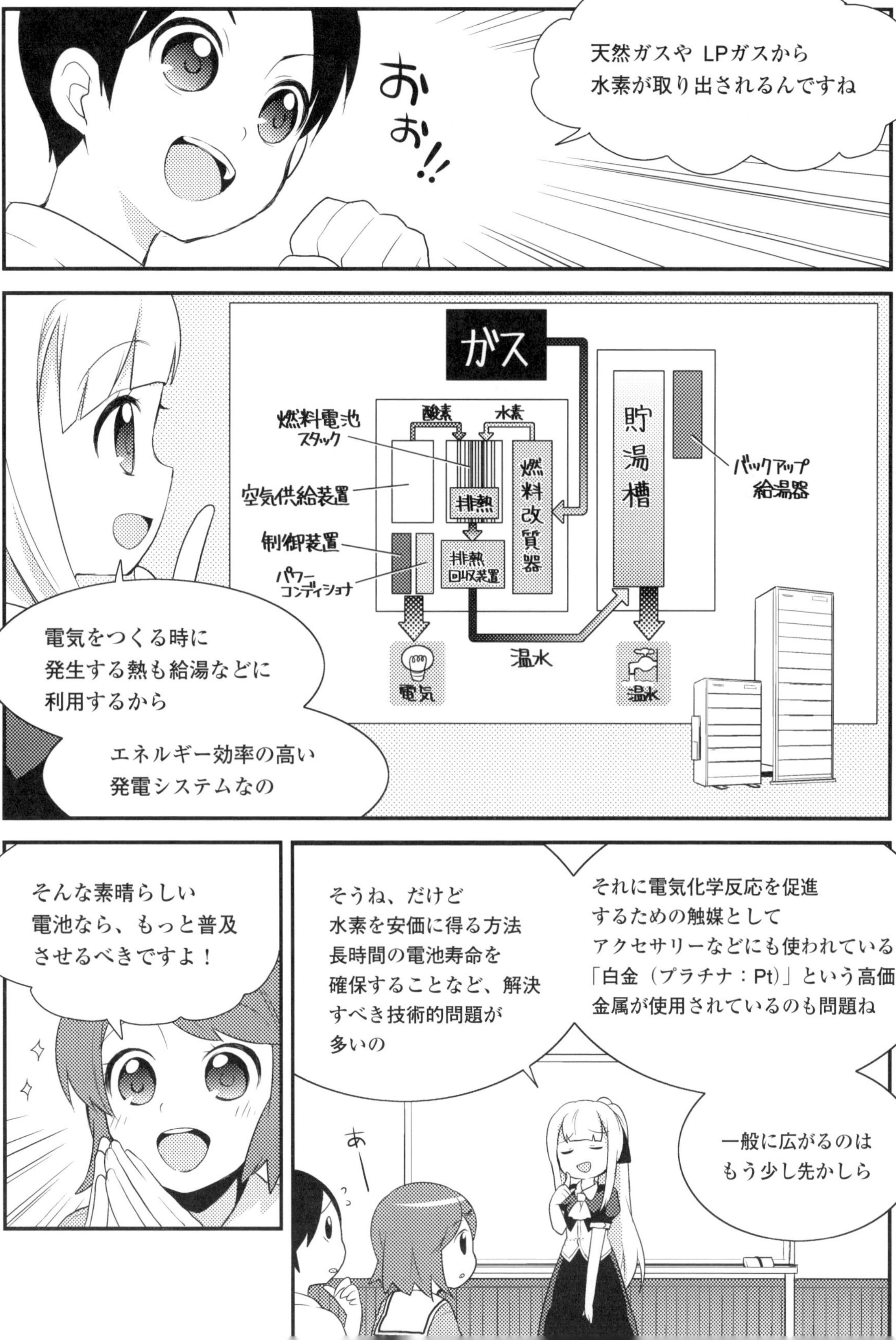
天然ガスや LPガスから 水素が取り出されるんですね
おお!!
ガス
燃料電池スタック
酸素
水素
空気供給装置
排熱
燃料改質器
制御装置
パワーコンディショナ
排熱回収装置
貯湯槽
バックアップ給湯器
温水
電気
温水
電気をつくる時に 発生する熱も給湯などに 利用するから
エネルギー効率の高い 発電システムなの
そんな素晴らしい 電池なら、もっと普及 させるべきですよ！
そうね、だけど 水素を安価に得る方法 長時間の電池寿命を 確保することなど、解決 すべき技術的問題が 多いの
それに電気化学反応を促進 するための触媒として アクセサリーなどにも使われている 「白金（プラチナ：Pt)」という高価な 金属が使用されているのも問題ね
一般に広がるのは もう少し先かしら
あー

高価な材料が
使われていたんですね
アクセサリー
燃料
電池
ワナ
ワナ
何をするのにも
お金がかかる
ものなの
あの…！
ぎゅっ
いきなりなんですけど
手伝わせてください！
ガタッ
へ？
？
何を？
ぐっ
こんないい博物館を
閉館するなんて
ダメですよ！
電池博物館の
復活大作戦です！

フォローアップ

燃料電池は1839年、イギリスのグローブが発明したとされていますが、その原理は1801年、同じくイギリスのデーヴィーによって発見されました。その後、なりを潜めていた燃料電池が注目を集めたのは1950年代です。

1952年、イギリスのベーコンが開発した電解液に水酸化カリウムを用いたアルカリ形燃料電池がアメリカのアポロ計画で採用され、1969年、月着陸に成功したアポロ宇宙船に搭載されたのです。当時、アメリカの国威をかけた計画に人命を第一とし、コストを度外視して実用化された燃料電池は残念ながら、広く一般に普及するには至りませんでした。このように原理的には非常に優れている燃料電池ですが、原理が発見されてから、200年以上も過ぎた今、ようやく本格的な実用化の時期を迎えようとしているのです。しかし、電気自動車用途にはまだしばらく時間がかかるでしょう。

1860年、フランスのプランテによって鉛蓄電池が発明され、1868年にはマンガン乾電池の先駆けとなるプラス極に二酸化マンガン、マイナス極に亜鉛、電解液に塩化アンモニウムを用いる、いわゆるルクランシェ電池が発表されました。その後ガスナー、ヘルセンス、屋井先蔵らによって1880年代に乾電池化され、それぞれ間もなく実用化されて、100年以上もの長い間使われ続けています。

燃料電池は、今もなお活躍しているこれらマンガン乾電池、鉛畜電池と大きく違います。燃料電池の実用化には何故このように長い時間がかかっているのでしょうか。そこには実用化に向けて、越えなければならない大きな技術の壁があるからです。それらについて順に述べていきましょう。

燃料電池と白金

燃料電池に使われる水素（H_2）と酸素（O_2）は常温では非常に安定した分子です。この２種類の分子がH-H、O-Oの強い結合を切って、水分子（H_2O）ができる過程で電気が取り出せるのです。白金はこのような水ができる反応がスムーズに進むようにする、いわゆる触媒の役目を担っているのです。プラス極、マイナス極上ではそれぞれ酸素分子、水素分子の結合が切れ、Pt-O、Pt-Hの状態をつくり出し、水になると考えられています。電極表面でこのような状態を素早くつくり出すのは現時点では高価な白金以外にありません。グローブの実験では、プラス極、マイナス極に白金板が使用されましたが、これでは実用化になりません。いかにして、炭素電極などの表面に少ない量の白金触媒を均一に分散させるかに多くの技術者が注力しました。現在では、白金の大きさをナノメール（nm、10億分の１メートル）またはそれ以下の小さな白金粒子にし、炭素極表面に分散する技術が確立されています。それでも燃料電池を動力源とする電気自動車1台あたりの白金使用量は数十グラムから100グラムくらいと言われています。また、水素をメタンガスやアルコールから得ようとする場合の改質器にも白金が必要です。高価な白金に代わる安価で高性能の触媒の研究が必死に続けられていますが、もう少し時間がかかるでしょう。また、改質器によって得られた水素ガスには一酸化炭素（CO）が含まれることがありますが、COは白金表面に非常に吸着しやすく、COが吸着すると白金は触媒として働くことができませんので（被毒）、水素ガスは非常に高純度でなければならないのです。

現在、燃料電池自動車のコストは、リース価格で月額84万円（30カ月リース）※で、まだまだ高価です。普及するためにはガソリン自動車並みのコストになる必要があり、さらなる多くの技術革新が必要です。作動温度の高い溶融炭酸塩形燃料電池や固体酸化物形燃料電池では触媒は必要ありませんが、実用化するためには克服しなければならない多くの課題があります。

水素ガス

水素ガスは一般に水の電気分解によって得られますが、その電力をどのようにして得るかが課題です。燃料電池の反応生成物は水のみですからクリーンエネルギーと一般に言われますが、化石燃料の燃焼による火力発電や原子力発電によって得た電力を電気分解に使用するのでは問題があります。水力発電が望ましいのですが、わが国ではそのような水力発電にふさわしい設置場所はほとんど開発し尽くされています。現在考えられているのは夜間の余剰電力です。今後太陽電池、風力発電、地熱発電、海水の温度差や潮の満ち干を利用する海洋発電など自然エネルギーを利用することが考えられていますが、それぞれ克服しなければならない多くの課題があります。もうひとつ、酸素の方は必要な時、必要な量を空気中から取り込めばよいのですが、水素の貯蔵をどうするかが課題です。現在、試運転中の燃料電池車では重い金属性のボンベを積んで走っています。水素ガスを多量に吸蔵する軽い合金（水素吸蔵合金）の研究も進展中ですが、まだ、実用化に耐えるものはないようです。また、ガソリンスタンドのように手軽に水素補給の可能な水素補給スタンド網の構築も必要です。

※参考：トヨタ自動車株式会社：http://www.toyota.co.jp/jp/news/08/Aug/nt08_054.html

電極製造技術

燃料電池の理論電圧（電流が流れていない時の理想的な電圧）は1.23Vですが、作動時の電圧は0.7 ～ 0.8Vです。これを商用電源と同じように使うためには電圧を高くする必要があります。そのため、実際の燃料電池は、板状の電極や電解質およびセパレータを積み重ねて１つのセルを構成し、さらに大きな電力を得るために、セルを複数積み重ねてスタックと呼ばれる構造になっています。

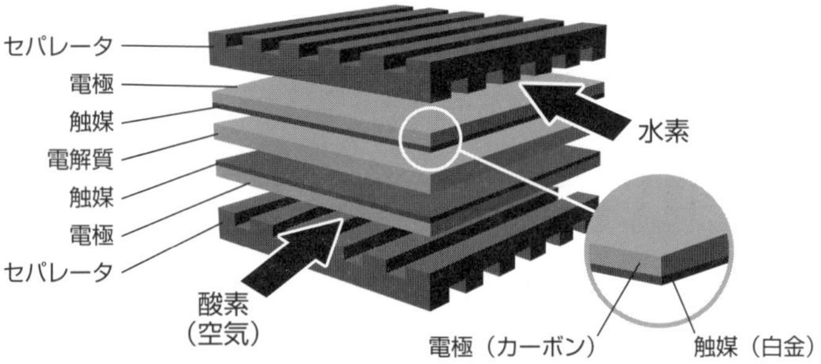

（a）セル

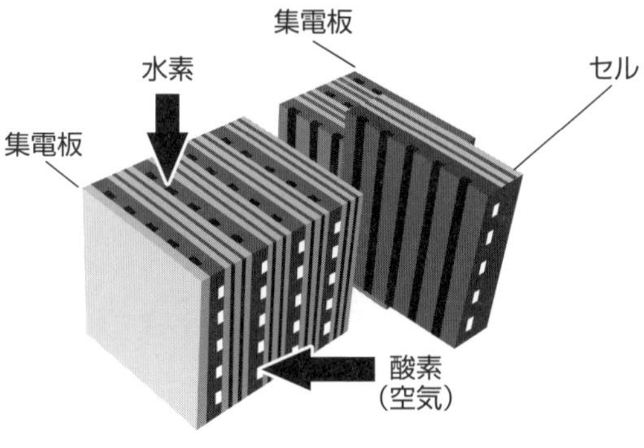

（b）スタック

●図4.1　燃料電池の構造

１枚あたり、数十cm角の薄い電極を数百枚もひとつのピンホールもなく製造するのには非常に高度の製造技術が必要です。

このように多くの課題を克服するために実用化に長い年月がかかっているのです。

三相界面の保持

少し専門的になりますが、電池反応が円滑に進行するためには図4.2のような三相界面を保持する必要があります。図はマイナス極で反応が進行している際のイメージで、電気化学反応が円滑に進行するためには電極表面の触媒層（固相）、水素（気相）、電解液（液相）の三相が共存していなければなりません。すなわち、固体の電極（触媒）と液体との界面で電極反応が順調に速い速度で進行するためには触媒電極上への気体活物質である水素ガスの供給、電解質溶液からのイオンの供給、集電体への電子の移動がいずれも十分速く、かつ円滑に進行しなければならないのです。プラス極でも同様に三相界面の保持が重要です。かつてはこのような状態を数万時間も保持することは難しいことでした。テフロンのような撥水性の材料が出現して、電極がびしょ濡れになることがなくなり、可能になったのです。

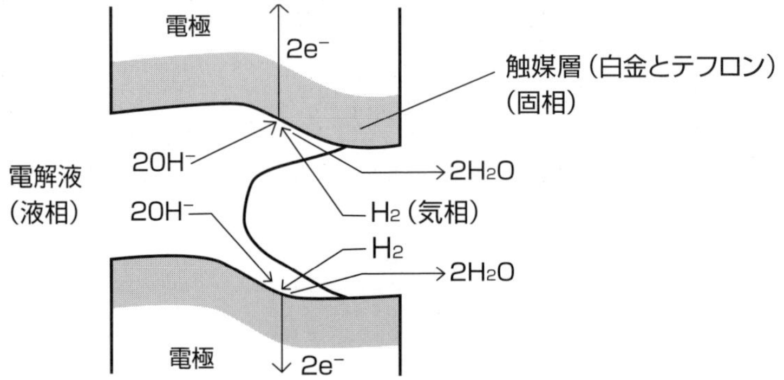

●図4.2　三相界面のモデル

第5章

物理電池

5.1　太陽電池

その荷物…
どうしたの？
昨日話したみたいに
僕たちはやっぱり
この博物館をやめて
ほしくないんです！
わたしも同じ気持ちです
だから、電池博物館に
お客さんを集める手伝いを
させてください！
博物館の掃除を
しましょう！
へ?

ゴッ
ゴッ
それに
僕はおもちゃの
修理をやります！
あなたたち…
わたしは電池博物館の
ホームページをつくります
電池博物館
ホームページ
そんなにすごいページは
つくれないけど
ないよりはいいと思うし
それくらいしか
特技がないけど
それで子どもたちに
来てもらいましょう
きゅ
ありがとう…

うわぁ
ここまで
ツタだらけですね
このお化け屋敷
みたいなツタを
何とかしなくちゃ
なかなかここまで
手が回らなくて…
これは
何ですか？
太陽電池よ

そういえば
化学電池の話は
してきたけど
物理電池の話は
まだしてなかったわね
物理電池って
何ですか？
物理電池というのは
光や熱が持つエネルギーを
直接電気エネルギーに
変える電池なの
この太陽電池や
熱起電力電池や
原子力電池なんかが
それにあたるわね
その他にも
電気化学現象を利用して
電気エネルギーを取り出す
電気二重層キャパシタ
なんかもあるわ
物理電池は
どうやって電気エネルギーを
つくっているんですか？
それじゃ
太陽電池の話から
しましょうか

太陽電池は物質に
光が当たると電子が発生する
光起電力効果（光電効果）
を利用して電気を
起こしているの
光電池とも
呼ばれるわね
光
電気
光起電力効果
わたしの家の屋根にも
太陽電池システムが
設置されています
電卓や腕時計に
太陽電池がついてる
こともありますよね
4649
12:34
そうね
あとは人工衛星などにも
つけられているのよ
太陽電池パネル
人工衛星

昼
夜
二次
電池
太陽電池は夜には
電気をつくることが
できないけど
昼の間に発電した電気を
二次電池に充電しておけば
夜でも電気が使えるわよね
今後は太陽電池と
リチウムイオン電池を
組み合わせて
住宅等の電力源や
夜間照明と
することが
期待されているわね
なるほど！
でもどうやって
光を電気エネルギーに
変えているんですか？
ピカー
それじゃ
太陽電池のしくみに
ついて説明しましょうか
ここで？

太陽電池は
シリコン系、化合物系
有機系に分類する
ことができるんだけど
シリコン系
化合物系
有機系
現在主流となっているのは
シリコン系の太陽電池ね
シリコン太陽電池は
純粋なシリコンに微量の
ホウ素など３価の電子を混ぜて
できるp型半導体と
p型半導体
n型半導体
微量のヒ素など
５価の原子を混ぜてできる
n型半導体を接合した
構造になっているの
２種類の半導体が
くっついているんですね
p型半導体はプラスの電荷を
持つ正孔（ホール）が
多く存在していて
これが電気の運び手
（キャリア）になるの
もう片方のn型半導体は
マイナスの電荷を持つ電子が
多く存在していて
これがキャリアになるわ
p型半導体に
プラスの正孔があって
n型半導体に
マイナスの電子がある
ってことですね
p型半導体
n型半導体

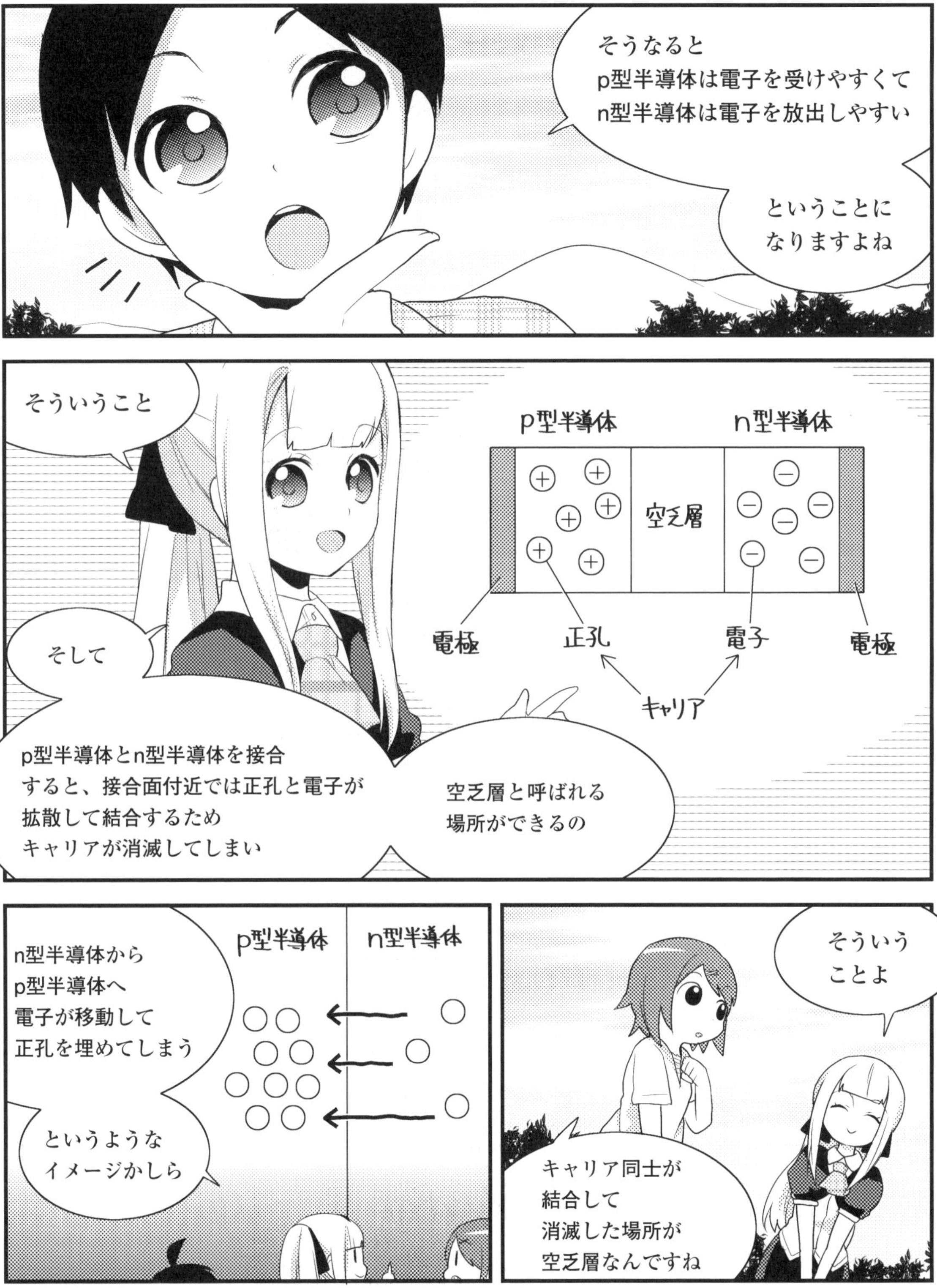

そうなると
p型半導体は電子を受けやすくて
n型半導体は電子を放出しやすい
ということに
なりますよね
そういうこと
そして
p型半導体
n型半導体
空乏層
電極
正孔
電子
電極
キャリア
p型半導体とn型半導体を接合
すると、接合面付近では正孔と電子が
拡散して結合するため
キャリアが消滅してしまい
空乏層と呼ばれる
場所ができるの
n型半導体から
p型半導体へ
電子が移動して
正孔を埋めてしまう
p型半導体
n型半導体
というような
イメージかしら
キャリア同士が
結合して
消滅した場所が
空乏層なんですね
そういう
ことよ

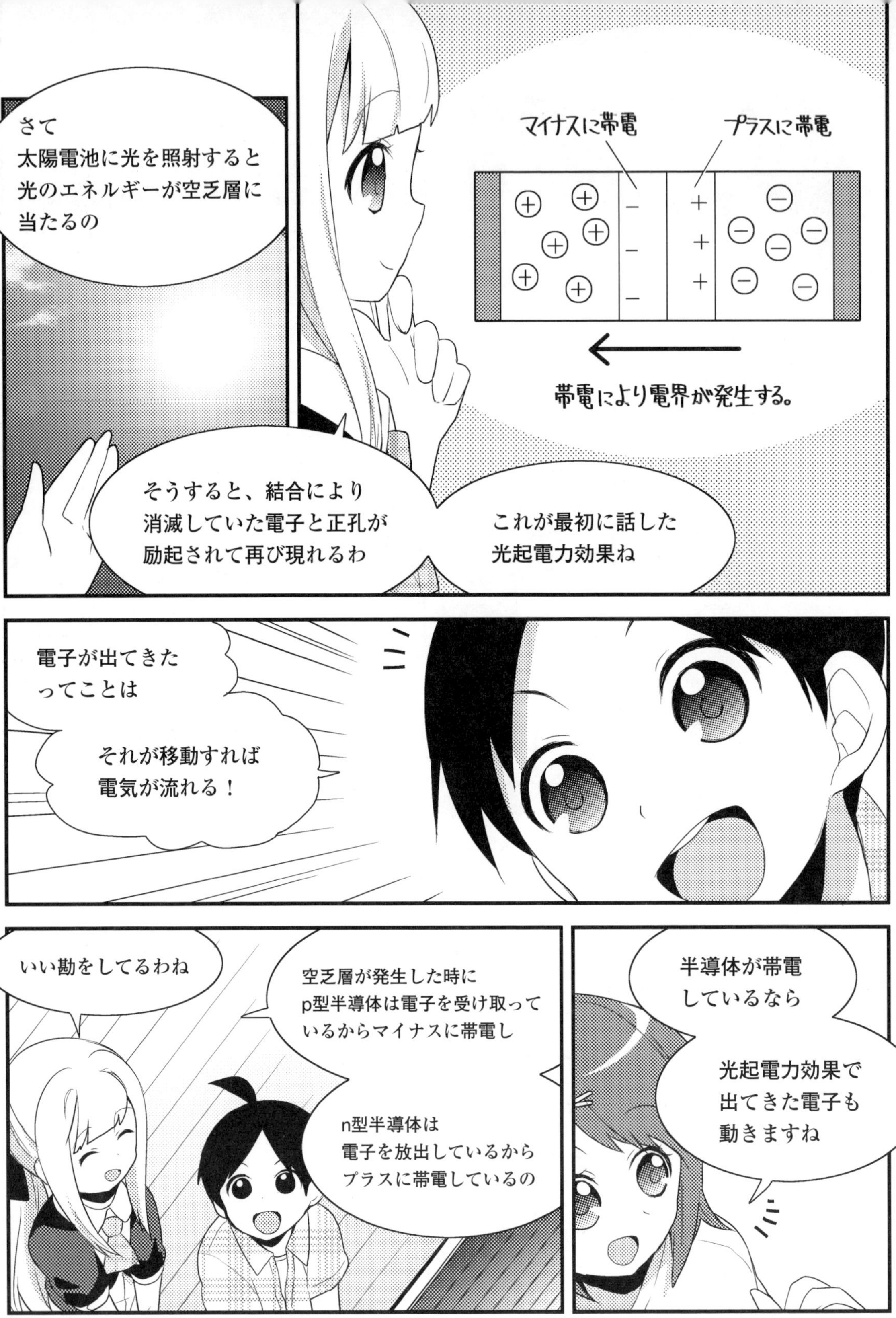
さて
太陽電池に光を照射すると
光のエネルギーが空乏層に
当たるの
マイナスに帯電
プラスに帯電
帯電により電界が発生する。
そうすると、結合により
消滅していた電子と正孔が
励起されて再び現れるわ
これが最初に話した
光起電力効果ね
電子が出てきた
ってことは
それが移動すれば
電気が流れる！
いい勘をしてるわね
空乏層が発生した時に
p型半導体は電子を受け取って
いるからマイナスに帯電し
n型半導体は
電子を放出しているから
プラスに帯電しているの
半導体が帯電
しているなら
光起電力効果で
出てきた電子も
動きますね

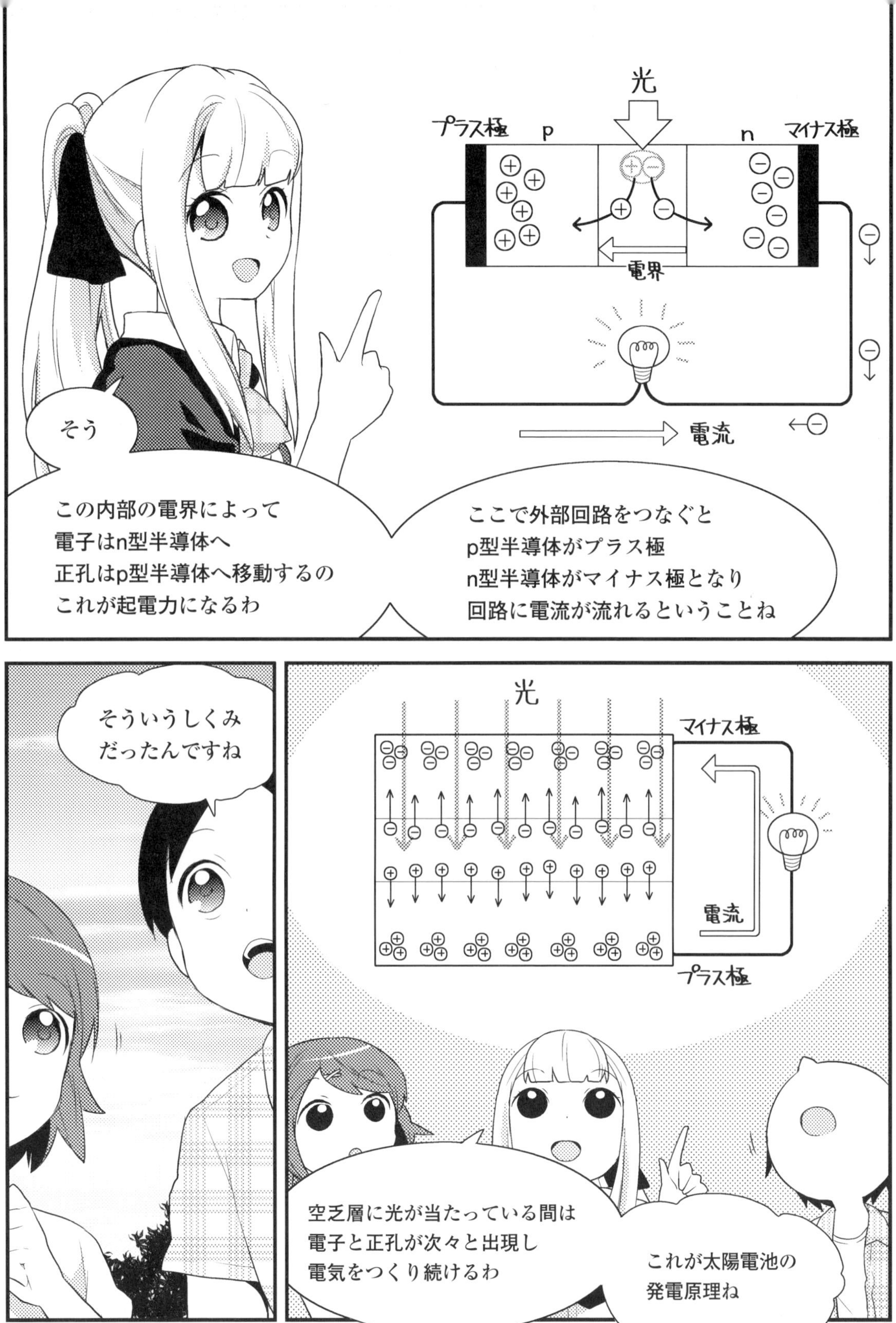
光
プラス極
p
n
マイナス極
電界
電流
そう
この内部の電界によって
電子はn型半導体へ
正孔はp型半導体へ移動するの
これが起電力になるわ
ここで外部回路をつなぐと
p型半導体がプラス極
n型半導体がマイナス極となり
回路に電流が流れるということね
そういうしくみ
だったんですね
光
マイナス極
電流
プラス極
空乏層に光が当たっている間は
電子と正孔が次々と出現し
電気をつくり続けるわ
これが太陽電池の
発電原理ね

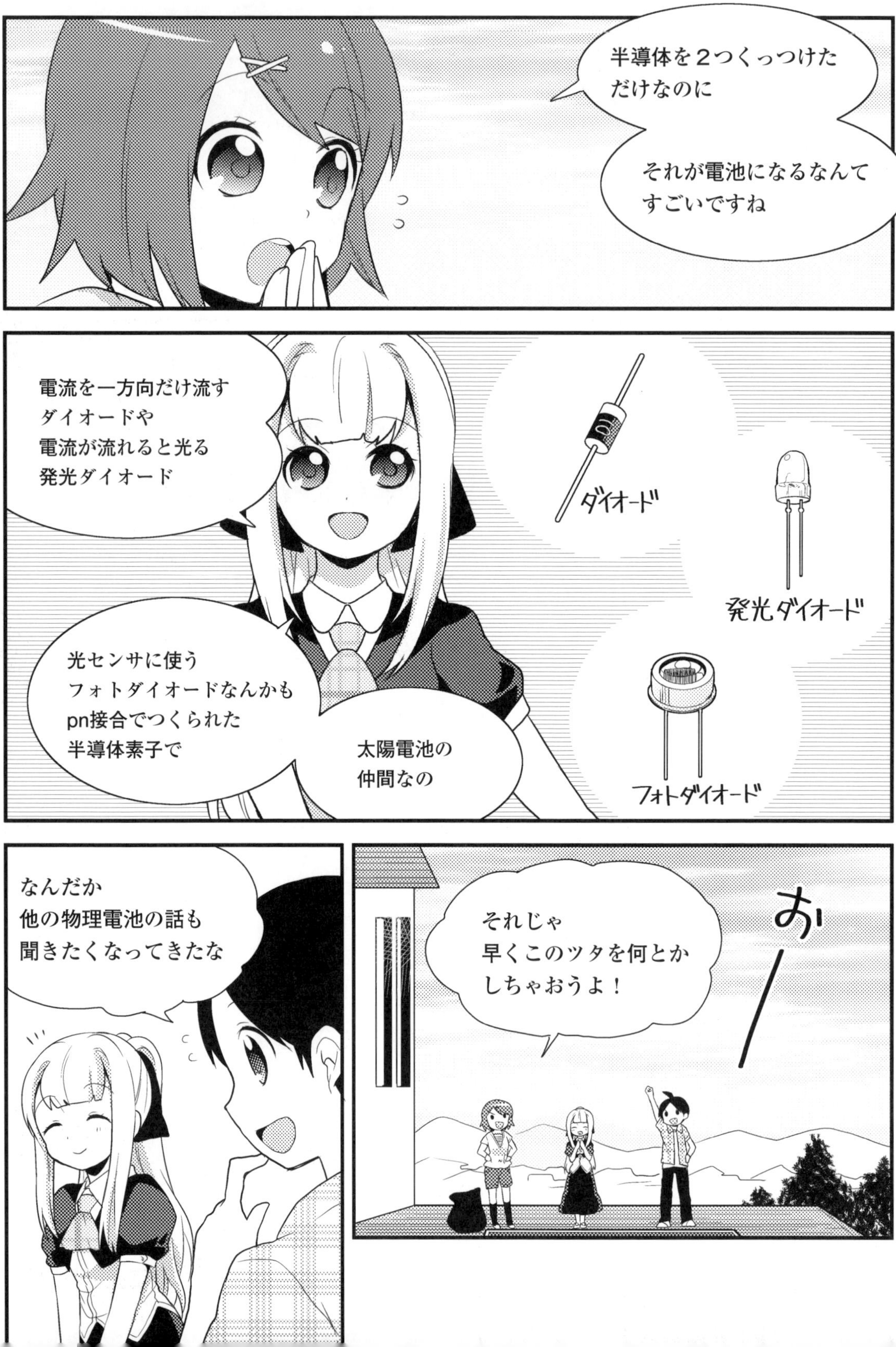
半導体を２つくっつけただけなのに
それが電池になるなんてすごいですね
電流を一方向だけ流すダイオードや電流が流れると光る発光ダイオード
ダイオード
発光ダイオード
光センサに使うフォトダイオードなんかもpn接合でつくられた半導体素子で
太陽電池の仲間なの
フォトダイオード
なんだか他の物理電池の話も聞きたくなってきたな
それじゃ早くこのツタを何とかしちゃおうよ！
おー

5.2　熱起電力電池のしくみ

さすがに疲れたね
あそこまでツタだらけだとは思わなかった
って、つぐみさん…
ぐったり
大丈夫ですか！
それじゃ
今度は
熱起電力電池の話をしましょうか
ヨロ
ヨロ
…大丈夫かな
ハッ
…ごめんなさい 半分くらい死んでたわ
それどういう状態ですか…

熱起電力電池は
熱電効果という現象で電気をつくり出すの
熱電効果
熱電効果？
熱電効果というのは２種類の金属の温度差から電気が生まれる現象なの
金属A
熱電対
熱起電力による電流
熱電対
低温
熱起電力による電流
高温
金属B
金属をループ状に接続して片方の接続点を加熱して２つの接続点に温度差をつけると
接続点間に熱起電力が発生して電流が流れるのよ
へー
そうやって電気をつくることもできるんですね
これは発見者の名から
ゼーベック効果とも呼ばれているわ

同じように
接続した２種類の金属に
直流電流を流すと
片方の接続点は発熱し
もう片方は吸熱する
現象が起こるわ
ゼーベック効果の
逆ですね
そうね
この現象を、発見者の名から
ペルチェ効果と呼ぶの
金属A
発熱
吸熱
電流
金属B
ガシャン
それじゃあ
実際に身近な物で
熱起電力電池を
つくってみましょうか

使うのは ニクロム線と銅線よ
ニクロム線
銅線
まずは、2本をきつく ねじりあわせるの
ねじる
次に起電力が発生して 電気が本当に流れるか 確認するために テスターをつなぐわね
テスターは 小さな直流電流を測定できる レンジにしておくといいわよ
あとはこれを 熱するだけですか？
そうよ
これだけで電気が 流れるなんて 何だか不思議

あ！
テスターの針が動いた！
カチッ
ということは
電気が流れたってことですね
そういうことね
今見せたみたいに
２種類の金属と熱があれば
ゼーベック効果で電気を
つくることができるの
熱電変換素子
熱電変換素子と呼ばれる
半導体でつくられた熱起電力電池が
既に実用化されているのよ
熱電変換素子は
p型半導体とn型半導体で
構成されているの
太陽電池と
同じですね

高温側電極
n型半導体
p型半導体
マイナス極
プラス極
低温側電極
低温側電極
電流
高温側電極が
加熱されると
p型半導体とn型半導体
それぞれから、正孔と電子が
低温側電極へ移動し
電気をつくり出すわ
熱ってどこにでもあるから
それを利用すれば
効率よく電気エネルギーが
つくれますね
そうね
これまで捨てられてきた
大量の熱を、熱起電力電池で
効率よく回収する研究が
進められているのよ
少しでも効率的な電池を
つくるために、研究は今でも
続いているんですね
熱
熱
熱

5.3　電気二重層キャパシタ

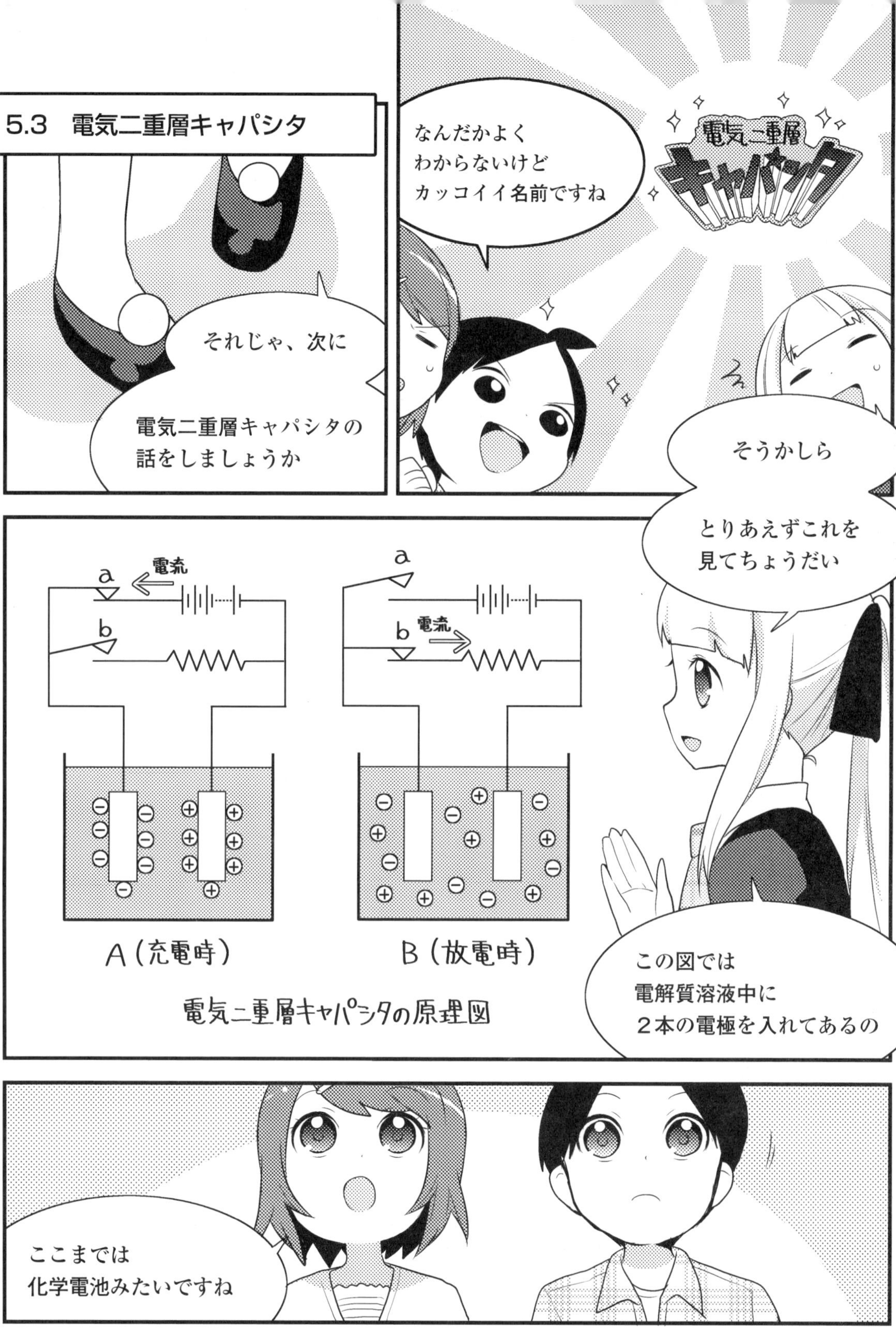

それじゃ、次に
電気二重層キャパシタの話をしましょうか
なんだかよくわからないけどカッコイイ名前ですね
電気二重層
キャパシタ
そうかしら
とりあえずこれを見てちょうだい
a
電流
b
a
b
電流
A（充電時）
B（放電時）
電気二重層キャパシタの原理図
この図では電解質溶液中に２本の電極を入れてあるの
ここまでは化学電池みたいですね

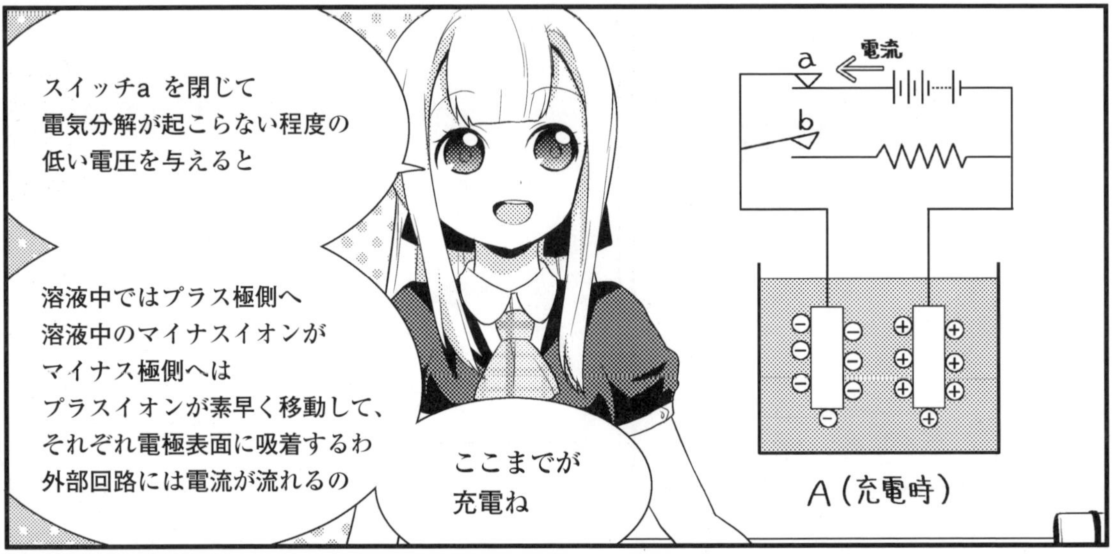
スイッチa を閉じて
電気分解が起こらない程度の
低い電圧を与えると
溶液中ではプラス極側へ
溶液中のマイナスイオンが
マイナス極側へは
プラスイオンが素早く移動して、
それぞれ電極表面に吸着するわ
外部回路には電流が流れるの
ここまでが
充電ね
a
電流
b
A（充電時）

a
電流
b
B（放電時）
次にスイッチをb側に倒すと
今度は外部回路に逆向きの
電流が流れ、それぞれの
電極に吸着したイオンが
素早く電極から離れるの
この過程が放電で
このとき電気エネルギーが
取り出せるってわけ

化学反応で電気を
つくってるわけじゃ
ないんですね
『電気を使って電気をつくる』
って感じだから
物理電池か

そういうこと
2人とも電池のことがだいぶわかってきたわね
いま説明した物理現象を利用したものが電気二重層キャパシタよ
くるん
1957年アメリカのゼネラル・エレクトリック社（GE社）のベッカーやフェリィによって発明され
1987年に日本で世界に先駆け量産化されたの
電解液種
硫酸水溶液
有機電解液
基本セル（コイン形セル）
集電体（導電性集電電極）
分極性電極（活性炭＋硫酸水溶液）
ガスケット（封止用合成ゴム）
セパレータ（多孔性有機フィルム）
キャップ＋端子
活性炭電極
パッキング
ケース－端子
セパレータ
積層品
外装ケース
基本セル
絶縁ケース
スリーブ
端子（板リード）
ケース
絶縁ケース
コインセル
端子
電極へのイオンの吸着量が多いほど大きな電気エネルギーが取りだせるから電極材料には表面積の大きな活性炭が使われているの
バインダ（結着材）と一緒に練り合わせて集電体に塗布したものやペレット状にしたものがプラス極・マイナス極となるわ
化学電池と違ってプラス極とマイナス極は同じ材料なんですね
イオン化傾向の差で電気をつくっているわけじゃないからね

電解液には硫酸、または
プロピレンカーボネートのような有機溶媒に
テトラエチルアンモニウム過塩素酸塩
（$(C_2H_5)_4NClO_4$）などの電解質を
溶かしたものが用いられるわ
前者は安価だけど
耐電圧（電圧使用範囲）が
低いのが難点ね
後者は耐電圧が
高いんだけど
有機物を使うので高価なの
一長一短なんですね
電気二重層キャパシタは
電池に比べてエネルギー密度が
低いけど、電池のように
化学反応によらない物理現象を
利用しているから
長寿命であること
応答が速いことなどの
特長があるのよ
電気二重層キャパシタは
どんなものに利用されて
いるんですか？
はじめに実用化されたのはコイン形で
種々の電子機器のタイマー部の
メモリーバックアップ用電源として
使用されたの。これは現在も活躍中よ
それに、携帯電話にも
組み込まれているわね

小型の物が多く
使われているんですね
そうとも限らないわよ
キャパシタを
大型化する
ことによって
パワーアシスト
負荷変動の安定化
ピーク電力カット
エネルギーバックアップ
エネルギー回生
エネルギー貯蔵
負荷駆動
などに利用するための
研究が続けられているの。
一部では実用化もされている
ものもあるんだから
大型機械用にも
開発が進められて
いるんだぁ
そうよ
たとえば建設機械などでは
これまでの油圧機器や
エンジンの効率向上では
不可能だった大幅な燃費向上
低騒音化が可能な
キャパシタ搭載ハイブリッド
油圧ショベルの実用化が
進められているの
車体旋回
エンジン加速
電動アシスト
旋回電気モータ
積込み作業の旋回で
減速時に発生する
エネルギーを回収
インバータ
発電気モータ
キャパシタから放電
された電気をエンジン
加速時のアシストに活用
エンジン
キャパシタ
電気エネルギーを効率よく
瞬時に蓄電・放電可能

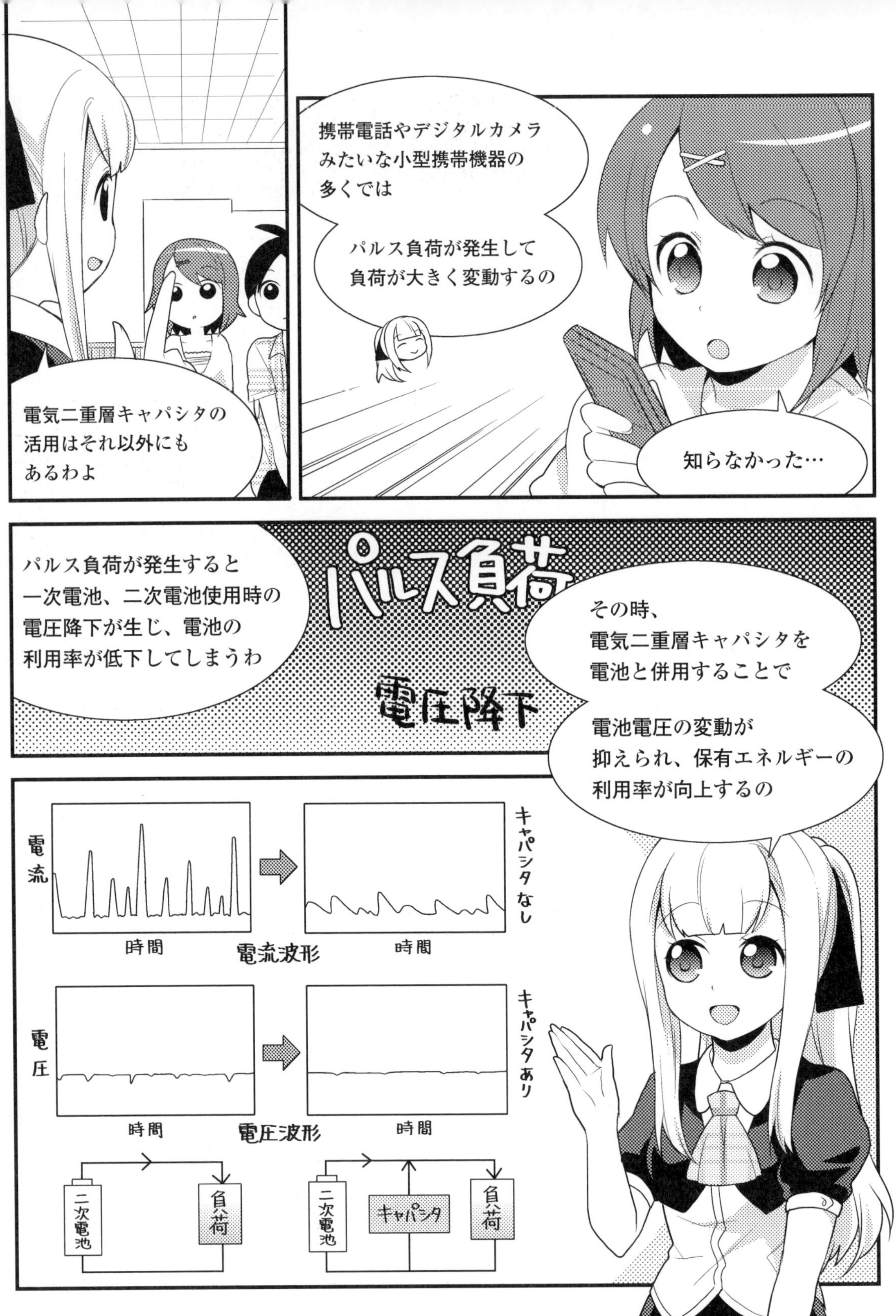
電気二重層キャパシタの活用はそれ以外にもあるわよ
携帯電話やデジタルカメラみたいな小型携帯機器の多くでは
パルス負荷が発生して負荷が大きく変動するの
知らなかった…
パルス負荷が発生すると一次電池、二次電池使用時の電圧降下が生じ、電池の利用率が低下してしまうわ
パルス負荷
電圧降下
その時、電気二重層キャパシタを電池と併用することで
電池電圧の変動が抑えられ、保有エネルギーの利用率が向上するの
電流
時間
電流波形
時間
キャパシタなし
電圧
時間
電圧波形
時間
キャパシタあり
二次電池
負荷
二次電池
キャパシタ
負荷

電気二重層キャパシタ
＋
電池
今後
電子機器の高性能化
高速化に伴い、パルス負荷が
多用される傾向にあるから
低インピーダンスを有する
電気二重層キャパシタが
電池と併用され
さらに多くの携帯機器に
搭載されていくと
考えられるわね
電池って昔からあるものなのに
今でも絶えず進歩して
いるんですね
そうよ
電池は人類の技術の結晶！
未来への希望なの
それは
言い過ぎじゃ…
そんなこと
ないよ
キラ
キラ

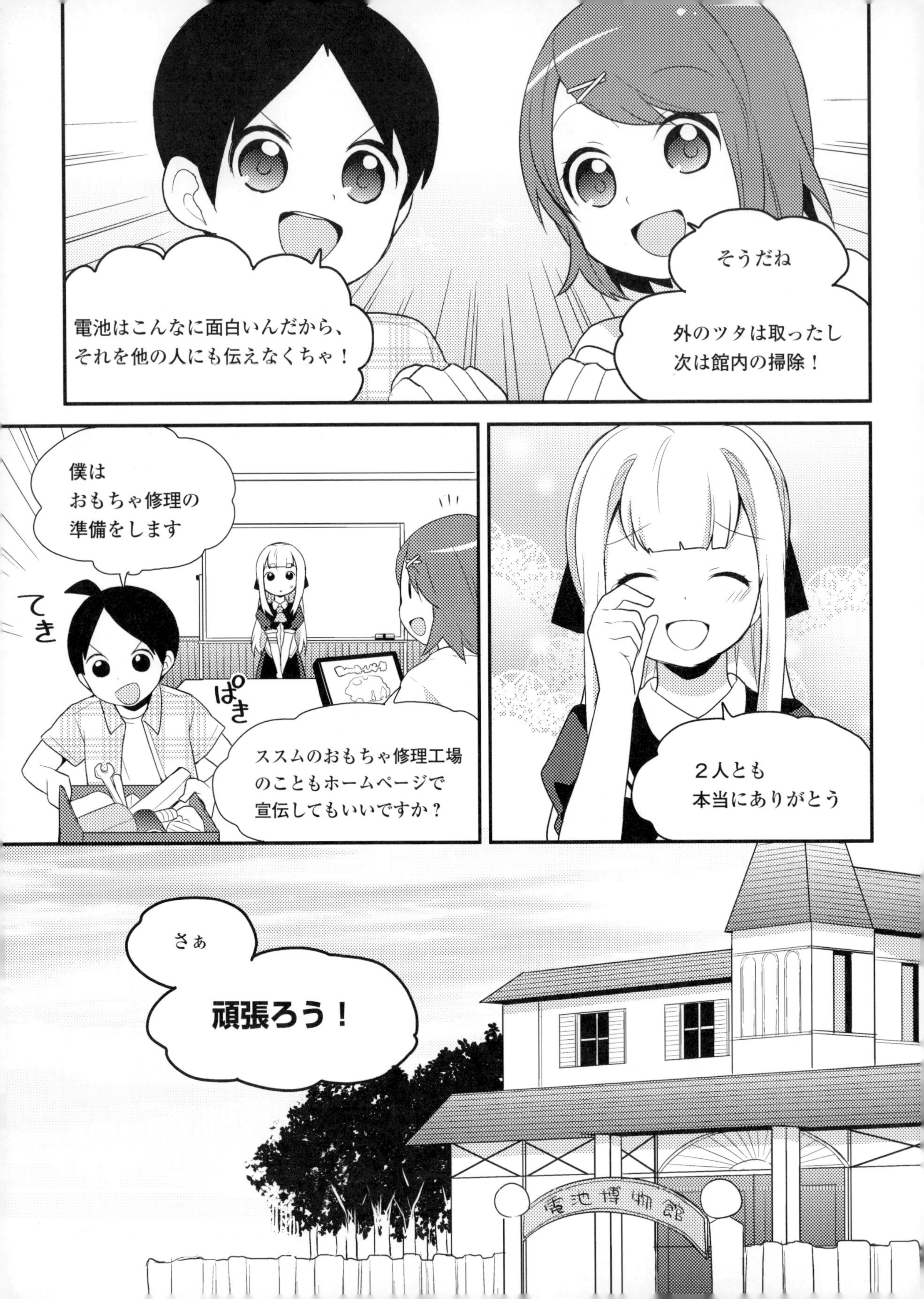
電池はこんなに面白いんだから、それを他の人にも伝えなくちゃ！
そうだね
外のツタは取ったし次は館内の掃除！
僕は おもちゃ修理の準備をします
てき
ぱき
ススムのおもちゃ修理工場のこともホームページで宣伝してもいいですか？
2人とも 本当にありがとう
さぁ
頑張ろう！
電池博物館

フォローアップ

家庭でつくった電力を売る

太陽光発電は太陽の光エネルギーを太陽電池によって直接電気エネルギーに変換するものです。発電時には地球温暖化の原因となるCO_2を排出せず、環境に優しい発電をします。

わが国の太陽光発電システムは、1990年代から一般住宅にも普及し始めています。これは、太陽電池モジュール、パワーコンディショナおよび売買電メータなどから構成され、屋根に設置した太陽電池モジュールで発電し、電灯やコンセントの電源として利用するものです。

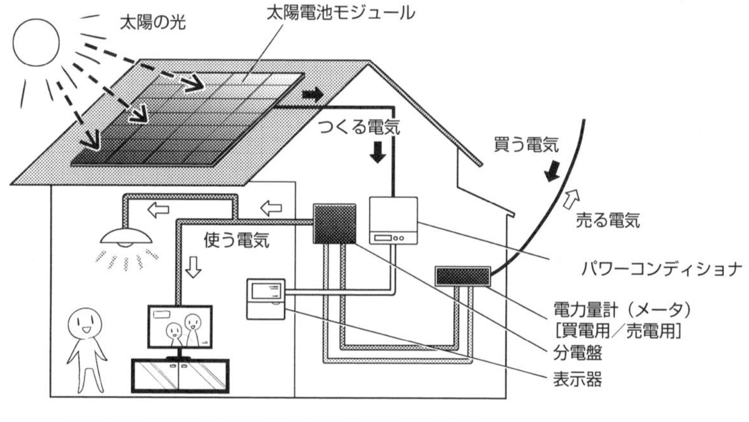

●図5.1　一般住宅の太陽光発電システム

太陽電池の光エネルギーを電気エネルギーに変換する効率（光電変換効率）は、

変換効率＝出力電気エネルギー〔W〕÷入射する光エネルギー〔W〕×100〔%〕

で求めることができます。太陽光の光エネルギーは、1 m^2あたりおよそ1000〔W〕あります。たとえば、1 m^2の太陽光モジュールに1000〔W〕の太陽光エネルギーが入射する時、出力される電気エネルギーを150〔W〕とすると、変換効率は、

$$150 \div 1000 \times 100 = 15\%$$

ということになります。

現在普及している住宅用太陽光モジュールの変換効率はおよそ17％前後ですが、20％以上の太陽電池モジュールも開発され、普及しつつあります。

太陽電池でつくられた直流電力は、パワーコンディショナという装置で商用電源と同じ交流電力に変換され、家庭内の電灯やさまざまな電気機器の電源として使うことができます。

夜間や悪天候で発電量が少ない時は、太陽光発電だけで家庭の電力すべてを賄うことができないので、一般には電力会社の配電系統につなぐ方式が取られています。これは、太陽光発電の電力が不足した時に、不足分の電力を電力会社から購入し、消費電力の少ない時間帯の余剰電力は電力会社の配電系統に逆流（逆潮流という）して、電力会社に買い取ってもらうもので、「系統連系※」と呼びます。

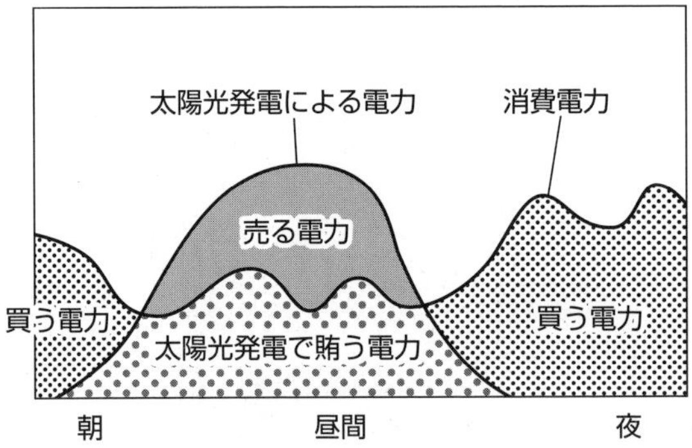

●図5.2　1日の消費電力と太陽光発電による発電電力

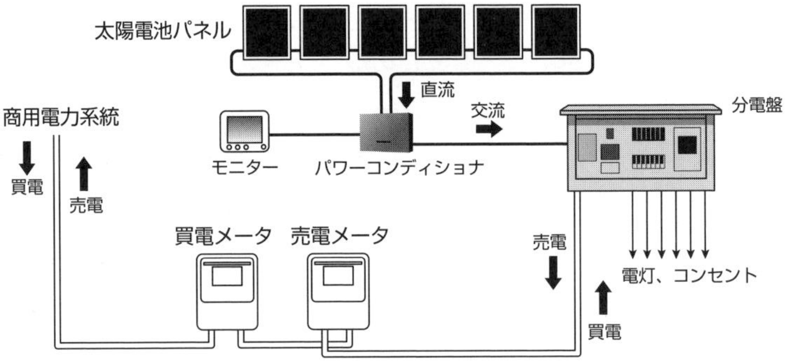

●図5.3　太陽光発電システムの電気の流れ

※配電系統につなぐので「連系」と書く。「連係」ではない。

太陽光発電システムで系統連系するには、パワーコンディショナでつくり出す交流電力の電圧や周波数および波形などを商用電力と同じにし、さらに、発電した電気を配電系統に同期させて、商用電力の品質に悪影響を及ぼさないようにする必要があります。

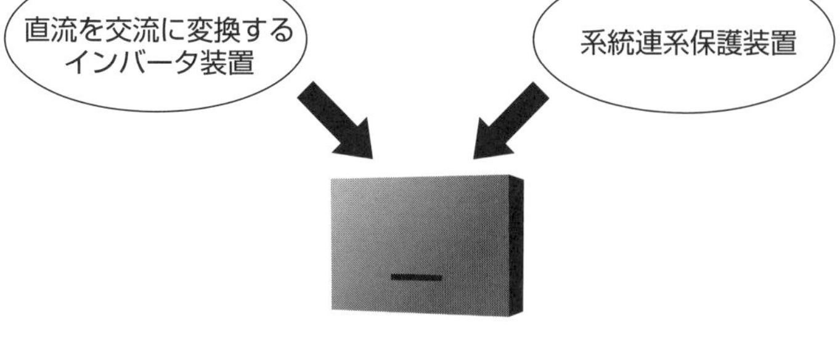

●図5.4　パワーコンディショナのはたらき

（提供：東芝）

●図5.5　モニター（表示器）

太陽光発電システムのモニター（表示器）は、現在の発電量や消費電力、売電した電力量、電力自給率など、さまざまな項目を表示することができます。

太陽光発電システムを系統連系で運転中に商用電力系統が停電になると、商用電源で作動しているパワーコンディショナが運転を停止してしまうため電気がまったく使えなくなります。このような場合は、手動でシステムを自立運転に切り替えることで、停電用コンセントのみ使うことができます。

このコンセントは、パワーコンディショナ本体の側面や室内の壁などに設置されます。

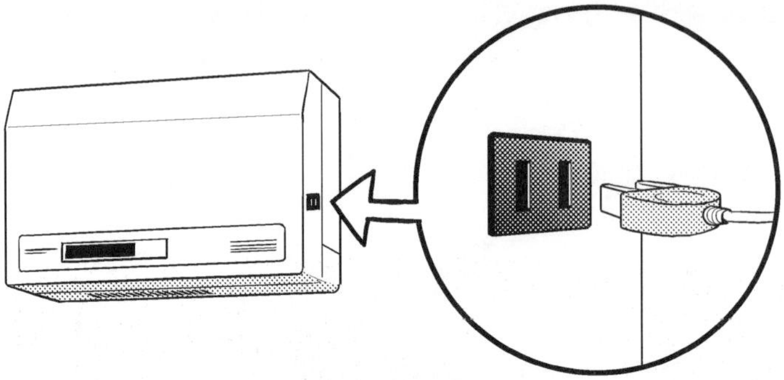

●図5.6　停電用コンセント付屋内用パワーコンディショナ

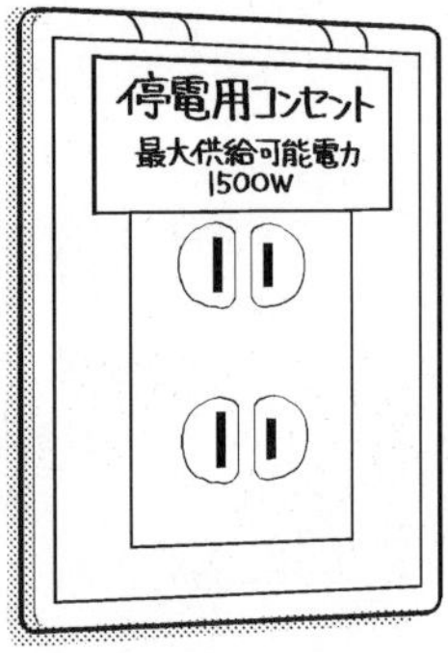

●図5.7　停電用コンセント　壁面

太陽光発電システムの導入には200万円ほど（2012年３月時点）の高額な初期費用が必要ですが、導入後はメンテナンスもほとんど不要で、クリーンな電気を長期にわたってつくり続けてくれます。

宇宙のソーラーパネルとミウラ折り

・宇宙のソーラーパネルとミウラ折り

「ミウラ折り（miura-ori）：登録商標」（二重波形可展面）とは、広いシート状のものを折りたたむための技術で、大きなソーラーパネルやアンテナを小さくたたみ、ロケットに積み込んで発射し、宇宙空間で大きく広げるために使われます。

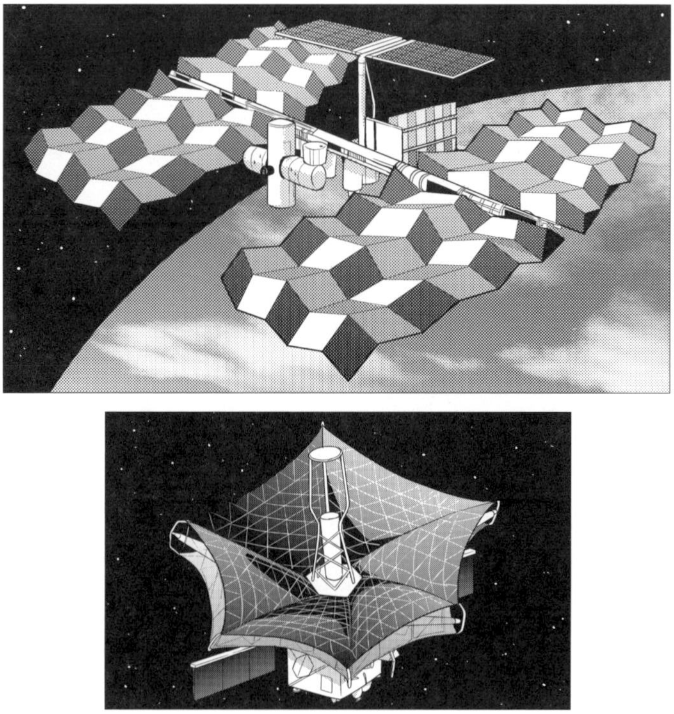

●図5.8　宇宙のソーラーパネル

この技術は、三浦公亮氏（東京大学名誉教授）が人工衛星のパネルの展開方法を研究する過程で考案したもので、４つの平行四辺形のくり返しで構成されます。ミウラ折りは衛星のソーラーパネルだけでなく、さまざまな分野で利用されています。

●図5.9　4つの平行四辺形のくり返しで構成されるミウラ折り

ミウラ折りを使って地図を折りたたむと、コンパクトに折りたたんだ地図が、対角線部分をつかんで引っ張るだけで、瞬時に大きく広がり、また、簡単に折りたたむこともできます。

この折り方は、折り目の重なりが少しずつずれているので、かさばらず、山折り、谷折りの向きが簡単にはひっくり返らず、何度開閉しても破れにくいという特長があります。

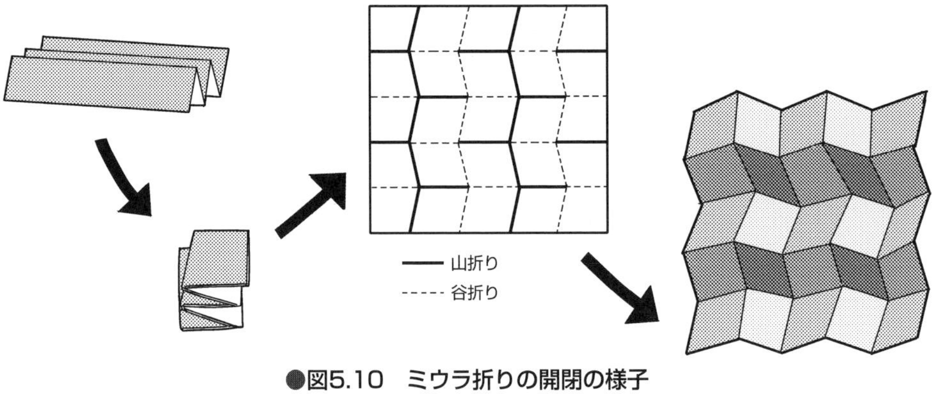

●図5.10　ミウラ折りの開閉の様子

ミウラ折りは、アルミ缶やスタッドレスタイヤにも応用されています。

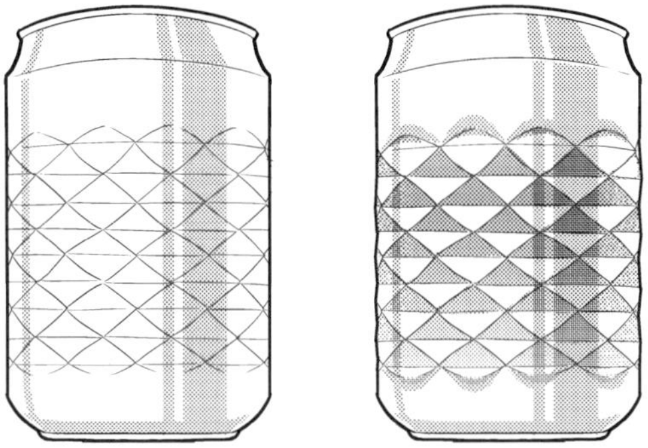

●図5.11　ダイヤカット缶　開ける前（左）と開けた後（右）

普通のアルミ缶は、開ける前は内部の圧力で強度を保っていますが、開けてしまうと内圧が抜け、強度が落ちてしまいます。そこで、開缶した時に連続したダイヤ形の凹凸（ミウラ折り）が現れる缶が開発されました。この缶は、凹凸が現れることで横方向からの力に対し強度が増し、さらに凹凸のおかげで持ちやすくなります。これも、ミウラ折りを応用したもので、このダイヤカット模様は、円筒形の破壊の理論を研究した吉村慶丸氏（当時東京大学教授）に因んで「吉村パターン」と呼ばれています。

スタッドレスタイヤでは、タイヤの切れ目（サイプ）にミウラ折りが応用されています。これは、ミウラ折りサイプと呼ばれ、ブレーキ時にタイヤのブロックが倒れ込むのを抑制し、路面との接触面積が増加することで、タイヤのゴムが持つ撥水効果や引っかき効果を引き出す働きをします。

各ブロックの左側が浮かないので、路面との接触面積が増加する。

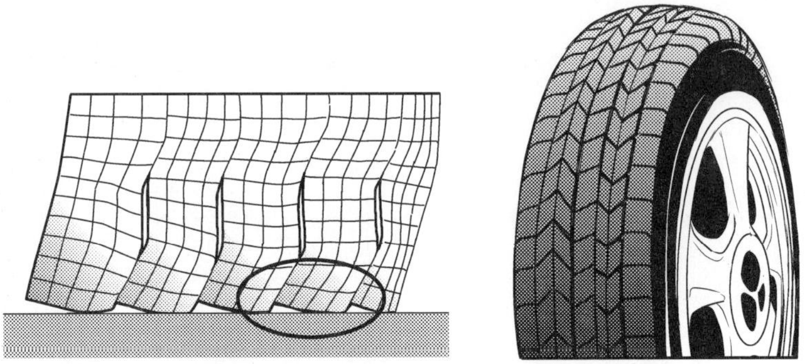

●図5.12　ミウラ折りサイプ採用のタイヤ

各ブロックの左側が浮くので、路面との接触面積が減る。

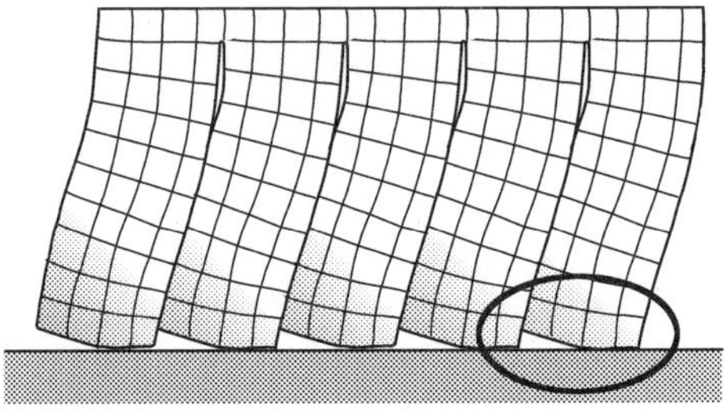

●図5.13　ミウラ折りサイプ不採用のタイヤ

このように、いろいろな場所に使われているミウラ折りは、他にもさまざまな分野で利用できる可能性を持っています。

●図5.14　自然界にもあるミウラ折り：植物の葉

原子力電池※

原子力電池とは、物理電池の一種で、ラジオアイソトープ（放射性同位体）が原子核崩壊の際に発生するエネルギーを電気エネルギーに変えるしくみの電池のことで、放射線電池、ラジオアイソトープ電池（RI電池）、アイソトープ電池、RI発電器などとも呼ばれています。用いるラジオアイソトープは、当初^{144}Ce（セリウム）、^{242}Cm（キュリウム）、90Sr（ストロンチウム）等でしたが、現在はそのほとんどが^{238}Pr（プルトニウム、半減期：87.74年）です。1960年代初めに宇宙での利用が始まり、1970年代後半には数百W級の電池が開発されました。半減期の長いラジオアイソトープを用いれば、長期間安定してエネルギーが供給可能な特徴を生かし、太陽電池が利用できない深宇宙空間などの探査機に必要不可欠な電源となっています。

■原理と種類

ラジオアイソトープが崩壊する際放出するα（アルファ）線、β（ベータ）線の持つエネルギーは、物質に吸収されると熱エネルギーに変換します。保温材を用いてこの熱エネルギーを閉じ込めると高い温度が得られるので熱電変換素子を用いて、この高温と外気温との温度差を利用して、熱起電力によりこの電池を作動させます（熱起電力電池の頁を参照）。これを熱電変換方式（熱電式）といい（図5.15)、熱エネルギーがpn接合半導体により電気に変えられます。図5.16にこの電池の構造を示します。

その他、熱イオン変換方式、アルカリ金属熱変換方式、圧電変換方式、光電変換方式などがありますが、ほとんど実用化されていず、主流は熱電変換方式です。

■適用分野

・宇宙探査機

1960年代から人口衛星に搭載されましたが、打ち上げ失敗、墜落等で放射性物質を地球上にまき散らすリスクがあり、現在は太陽放射の十分得られる地球軌道周辺では太陽電池が一般的です。アポロ12号に搭載された原子力電池は、月の表面に設置されて地震観測用の電源として用いられました。その他、火星ロボット探査船、木星、土星、冥王星およびさらにより遠方の惑星に至る深宇宙探査機用の電源として用いられています。1997年の秋に打ち上げられた土星周回衛星を探査するカッシーニ計画では、探査機「ホイヘンス」に原子力電池が３台搭載されています。

主構造は丈夫な被覆をつけたラジオアイソトープ（^{238}Pu）を含む熱源、Si-Ge熱電変換素子および熱電変換素子に温度差を与えるための放熱器から成り立っています。中心部に強い衝撃に耐える外皮にまもられた18個のモジュールが並び、10.7kgの酸化プルトニウム（^{238}Pu）ペレットから4500Wもの電力が供給できます。

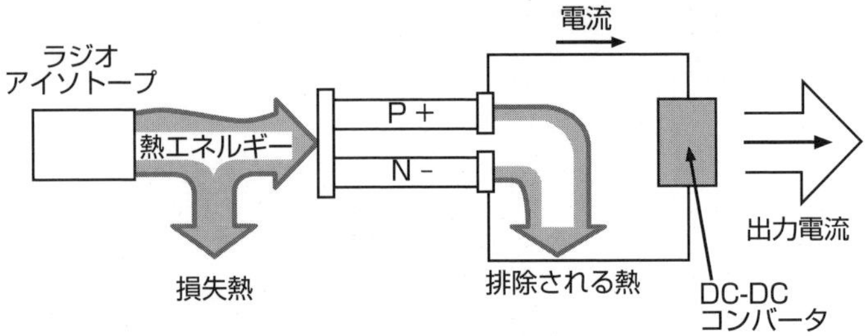

（小林昌敏著『放射線の工業利用』幸書房（1977））

●図5.15　熱電式原子電池の原理

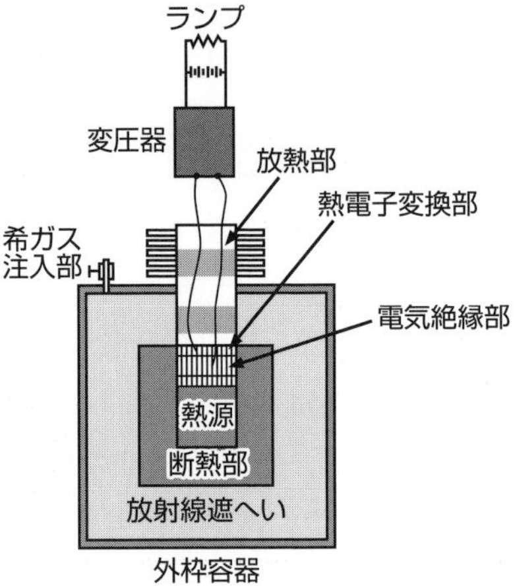

（小林昌敏著『放射線の工業利用』幸書房（1977））

●図5.16　熱電式原子電池の構造

・心臓ペースメーカー等の電源

^{238}Puをエネルギー源とする小出力の原子力電池は、かつて心臓ペースメーカーの電源として実用化されたことがあります。体内に埋め込む心臓ペースメーカーの電池を定期的に交換することは、その都度手術を必要とし、また、費用も莫大になります。しかし、原子力電池の利用により患者の負担が軽減されるので、欧米ではかなりの数の患者に用いられたことがあります。その後、寿命の長いリチウム電池が開発されたために、原子力電池は用いられなくなりました。

・へき地用途

シベリヤの北極海周辺ではかつて、多数の原子力電池が使用されたことがあります。

※原子力百科事典ATOMICA：（http://www.rist.or.jp/atomica/）より

オモチャ
修理
せっかくホームページつくったけど
お客さん来ませんね…
はぁ
そんなすぐには来ないわよ
でも、きっとそのうち見てくれた人が来てくれるわ
カチャ
タタタタ
ぼくのおもちゃを修理してください

こんにちは
ガタッ
こちらで直して
もらえると
ホームページで見まして
任せてください！
カチャ
カチャ
わー
すごーい
電池ってこういう
しくみだったのね

アリガトウ
アリガトウ
直ったよ
わーい！
ありがとう！
学校の友達に、ここでおもちゃ直してもらえるって教えていい？
もちろん！
やったー！
また来るね！
本当にあっという間に直せるのね
いや、まぁ
そんなに難しいことじゃないですよ

数日後
わい
わい
よし
これで大丈夫
もう壊しちゃ
ダメだよ
はーい
直してくれて
ありがとう
修理
お疲れ様
全然
疲れてないよ
やっぱり機械を
触るのって楽しいし

今日だけでももう
10人分のおもちゃを
修理したんだ
大活躍だね
ところで来週の
日曜日ってヒマ？
昔みたいに2人で
プールに行かない？
来週の日曜日？
大丈夫だと
思うけど…
わっ
あら
来週の日曜日はわたしと一緒に
『ボルタの一生』っていう映画を
見に行く約束してたでしょ
え!?
そうなの!?
2人で？

でも、ユリちゃんとも約束があるみたいだし選ばなくちゃいけないわね
そんな約束してましたっけ？
してないなら今しましょう
ずい
ずい
プールか映画どっちにするの？
えっ
いや…
来週の日曜日もおもちゃの修理をしなくちゃいけないから！
電池博物館

付　録

用語集

あ行

一次電池

放電だけ可能で充電できない化学電池。

エネルギー変換効率

電池の理論エネルギー変換効率（ε_{th}）は熱エネルギーを基準にとれば、次式で表される。

$$\varepsilon_{th} = \frac{\Delta G}{\Delta H} = \frac{\Delta H - T\Delta S}{\Delta H} \qquad (1)$$

したがって、分子はエントロピー項だけΔHより小さくなるから、理論エネルギー変換効率は100%とはなりえないが、$T\Delta S$はかなり小さな値であり、電気化学的にはΔGがそっくり電気化学エネルギーに変わりうるので、大きな値が期待できる。たとえば、燃料電池の反応$H_2+1/2O_2$ = H_2Oの25℃におけるΔH、ΔGはそれぞれ−285.83kJ mol^{-1}、−237.13kJ mol^{-1}（H_2Oが液体の場合）なので、(1)式より理論エネルギー変換効率を求めると83%にもなる。しかし、ΔGに対応するE_{cell}は平衡時、すなわち電流が流れていない時の電池電圧であって、作動電圧Eはこれより低くなり、また、活物質の利用率も100%でないから、実際の電池のエネルギー変換効率ε_{ac}は次式のようになる。

$$\varepsilon_{ac} = \frac{\Delta G}{\Delta H} \cdot \frac{E}{E_{cell}} \cdot \frac{Q}{Q_0} \qquad (2)$$

電池のエネルギー変換効率を高めるためにはいかにして右辺のE/E_{cell}およびQ/Q_0をそれぞれ100%に近づけるかということになる。

エネルギーとエネルギー密度	エネルギー量はワットアワー(Wh)で表される。100Whとは、100Wh = 100W × 1時間 = 360,000W･秒(s) = 360,000ボルト(V) × アンペア (A) × s = 360,000クーロン(C) × V = 360,000ジュール(J) となる。つまり100Whとは360kJのことである。エネルギー密度は活物質単位重量 (kg) あたりのエネルギー量を表し、通常Wh/kgで表記される。100Wh/kgとはある活物質1kgあたり100Whのエネルギーを有していることを示す。

か行

回路電圧	OCV：Open Circuit Voltageとも言う。電池に負荷をかけない時の正、負端子間の電圧で未放電の新鮮な電池ではE_{cell}にほぼ等しい。一般に放電するにつれ、回路電圧は低くなる。
化学電池	電気化学反応を利用して直接電気エネルギーに変える電池で一次電池、二次電池、燃料電池などがある。
過充電	二次電池の充電時、充電終止電圧以上に充電をすること。電解液が分解しガス発生が起こったり、リチウムイオン電池では正極活物質の酸化力が高まり、溶液を分解することがあり危険である。ニッケル・水素電池ではメモリー効果の原因となる。
活物質	作用物質とも言い、起電反応のもととなる反応物質。
過放電	放電終止電圧以下の電圧まで放電を続けること。 電池内の電解液が分解し漏液の原因になる。
間欠放電	放電と休止を時間を決めて交互にくり返す方法。

起電力（電池電圧）

化学電池は次の(1)、(2)式で表される２種類の酸化還元反応の組み合わせから成り立っている。正極では還元反応(1)、負極では酸化反応(2)が進行し、全電池反応は両極での反応を加えることにより、(3)式で示される。

$$\text{正極：} \quad O_1 + ne^- = R_1 \qquad (1)$$

$$\text{負極：} \quad R_2 = O_2 + ne^- \qquad (2)$$

$$\text{電池反応：} O_1 + R_2 = R_1 + O_2 \qquad (3)$$

ここで、R_1、O_2はそれぞれ還元反応生成物、酸化反応生成物であり、反応の係数は簡単のためすべて１としてある。正極、負極の平衡電位をE_1、E_2とし、各物質の活量をa_{O1}、a_{R1}、a_{O2}、a_{R2}とすれば、各電極に対し、次のようなNernst式が成立する。

$$E_1 = E_1^\circ - \frac{RT}{nF} \ln \frac{a_{R1}}{a_{O1}} \qquad (4)$$

$$E_2 = E_2^\circ - \frac{RT}{nF} \ln \frac{a_{R2}}{a_{O2}} \qquad (5)$$

ここで、E_1°、E_2°はそれぞれ(1)および(2)の逆反応（$O_2 + ne^- = R_2$）に対応する標準電位、すなわち、反応物質、生成物質の活量が１の時の標準水素電極基準の単極電位であり、Rは気体定数、Fはファラデー定数、Tは絶対温度である。電池の起電力(電池電圧)、E_{cell}は平衡時の正極と負極の電位差で、(4)から(5)を差し引くことにより次式で示される。

$$E_{cell} = E_{cell}^\circ - \frac{RT}{nF} \ln \frac{a_{R1} \cdot a_{R1}}{a_{O1} \cdot a_{O1}} \qquad (6)$$

$$E_{cell}^\circ = E_1^\circ - E_2^\circ \qquad (7)$$

E_{cell}は電池の理論電圧（理論起電力）である。

急速充放電

大電流で充電、放電をすること。

クーロン効率とエネルギー効率	二次電池の性能評価項目の一種で、充電に要した電気量（アンペアアワー、Ah）、もしくは電力量（ワットアワー、Wh）に対して有効に取り出せた電気量、または電力量の比をそれぞれ、クーロン効率(充放電効率ともいう)、エネルギー効率と呼び、%で表示する。クーロン効率は、一般に満充電後の電池を低電流放電し、その後同じ電流でC_A（Ah）充電し、さらに同じ電流で放電して容量C_Bを求めて、(C_B/C_A) × 100より求める。クーロン効率は二次電池について求める場合と正極、もしくは負極を単独評価する際、用いる場合がある。 エネルギー効率は定電流で充放電する場合、 　　クーロン効率×（平均放電電圧／平均充電電圧）× 100 で求める。 平均放電電圧、平均充電電圧は放電曲線、充電曲線を測定した時、それぞれの容量（時間）の中間値に対する値にほぼ匹敵する。電池の内部抵抗の大きな電池ほど平均放電電圧は低く、平均充電電圧は高くなりエネルギー効率が低くなる。
組電池	素電池２個以上で構成された電池。
クリーピング	アルカリ系電池において、封口部から電解液が這い上がる現象が認められることがあり、周囲条件によって湿ったり、乾いたり程度のもの。
軽負荷放電	小さな電流でゆっくり放電をすること。
公称電圧	電池の表示に用いる電圧でおおむね未使用電池の回路電圧に等しい。その値はJISで決められている。

さ行

サイクル寿命	二次電池は充放電をくり返すと容量が次第に低下する。ある一定の条件、たとえば一定温度で充電深度と電流の大きさを決め、充放電をくり返した時、初期値の80%（あるいは60%)低下するまで、何回充放電がくり返せるかの回数をいう。

作動電圧

電池に負荷をかけている時の正、負極間の電圧。電池を放電すると作動電圧は回路電圧E_{ocv}よりも低くなり、
電池に発生する抵抗をRとすると次式で表される。閉路電圧とも言う。

$$E = E_{ocv} - IR \tag{1}$$

Iは流れる電流、Rの中身は電池内の溶液抵抗等電池内部全体の抵抗、電池作動時の反応抵抗、イオンの移動する際の拡散抵抗などの和からなる。

残存容量

電池の中にまだどれだけ放電可能な容量が残っているかを示す値。

時間率、Cレート
（放電時では放電率という）

ある電池の定格容量をたとえば、Cアンペア（A）で放電、もしくは充電した時、1時間で放電、もしくは充電が終了する場合、1時間率放電、1時間率充電といい、これを1C(シー、紛らわしいがクーロンではない）レート放電、1Cレート充電という。もし、電流値を10倍に上げ、6分で充放電（0.1時間率）するなら10 Cレート充放電という。正、負極活物質を単独で評価する場合にも、その活物質に期待される理論容量を求め、電流値を決めることによって、レート特性評価を行う。レート数が上がるにつれて電気化学反応が追従できなくなり、活物質の利用率が低下するので取り出しうる電気量が小さくなる。

終止電圧

充電、または放電の終了する限度を示す電圧。一次電池では実用上の寿命の目安、二次電池では充電終了、放電終了の目安となる。

出力と出力密度

電池の用途にはモータ駆動電源などのように大電流放電や瞬間的な出力（パワー）を要求される用途も多い。このため、電池性能を表す目安として、エネルギー密度のほかに出力密度（パワー密度）がある。その単位はW/kgもしくはW/dm^{3}で示される。電池の出力P(ワット、W)は放電する時の電流(I)と作動電圧（E、閉路電圧、端子電圧ともいう）との積で次式のように表せる。

$$P = I \cdot E = I\,(E_{\mathrm{cell}} - IR) = \frac{E_{\mathrm{cell}}^{2}}{4R} - R\,(I - \frac{E_{\mathrm{cell}}}{2R})^{2} \qquad (1)$$

E_{cell}は電池の起電力、Rは電池の抵抗である。放電時、電流が$E_{\mathrm{cell}}/2R$の時、出力Pは、最大値が得られることになる。ただし、実際の電池では、設計上の理由で、$E_{\mathrm{cell}}^{2}/4R$が得られないことがある。そのような電池では、実際の最大出力Pは最大許容電流以下、および最低許容電圧以上の両方を満たす放電電流と放電電圧との積の中での最大値にとどまる。

自己放電

電池は一般に使用せず貯蔵、放置しておく場合も容量が少しずつ化学反応により低下していく。この現象をいう。冷暗所、たとえばビニール袋等に入れ密封して冷蔵庫に保管するとよい。

重負荷放電

大電流で急速に放電すること。

充電

放電後の電池に、外部電源を用いて電池の正、負極端子に電源の正、負極端子をそれぞれ接続し、電池の端子電圧より高い電圧（公称電圧など）を与えるか（定電圧充電）、公称電圧になるまで定電流を流して放電時とは逆の電気化学反応を進行させ、それぞれの電極の放電前の活物質に戻し、放電可能な容量を復活させること。

充放電特性

二次電池を充電もしくは放電させた時の電圧と時間の関係。

充放電曲線	充放電特性に同じ。
寿命	一次電池では放電してからどのくらいの時間使えるかを指す場合と貯蔵寿命がある。また、二次電池では充放電サイクル寿命とその電池が定められた限度の容量に低下するまでの期間を示す場合がある。
正極	＋（プラス）符号が付いている方の端子。電子が外部回路から流入してくる方の電極で電解液との界面では還元反応が進行する。電流が外部回路に流出する方の電極。電池分野では陽極という言葉は使わない。
素電池	電池を構成するための単位電池。電池として発電に必要な構成材料を組み合わせただけの半製品状態のもの。
正極活物質	正極の起電反応のもととなる強力な酸化力を持つ物質。二酸化マンガン、オキシ水酸化ニッケル、二酸化鉛、コバルト酸リチウムなど主に金属酸化物が使われる。空気中の酸素も正極活物質である。
ソールティング	アルカリ系電池封口部にわずかに白い粉を吹き、拭うと取れる程度のもの。

た行

単電池	素電池１個で構成された電池。
貯蔵寿命	電池を使用しない状態である温度と湿度の条件で放置した場合、定められた限度の容量に低下するまでの期間。
定格容量	定められた温度、時間率で一定終止電圧に至るまで放電した時、取り出しうる保証された放電容量。JISで決められている。
定電流充放電	一定の電流で充電もしくは放電をすること。一般に定電流充放電は二次電池の評価で行われる。充放電サイクル試験は充電と放電を連続的にくり返し行う場合と充電後一定の休止期間後放電することをくり返す場合がある。

定電流定電圧充電	CCCV：Constant Current Constant Voltageの略。 充電初期は定電流で充電し、充電終期近くになったら、一定の終止電圧に切り替え充電する方法で、充電初期には温和な条件で充電でき、終期にはゆっくりと充電反応を進めることができるので、電池の定格容量まで充電できる。
定抵抗放電	一定の抵抗を介して放電すること。一次電池の放電試験は定抵抗放電で行われる。
トリクル充電	絶えず一定の微小電流（C/50 ～ C/20程度）で充電する方法。非常灯用電源などに使用の場合、電池は負荷（非常灯）から切り離されて自己放電電流以上の微小電流で絶えず充電されており、非常時に外部電源が切れた場合にすぐ非常灯につながれ、点灯するようになっている。あまり大きな電流で充電すると過充電状態となり、電池を劣化させることになる。

な行

内部短絡	セパレータの損傷やセパレータ中、もしくはセパレータの上部や下部に導電性の物質が混入、介在して電池内部で正極と負極が直接接触すること。大電流が流れ、発熱して危険である。
内部抵抗	電池の端子間、すなわち電池内部全体の抵抗で低いほどよい。
二次電池	放電後充電することによりくり返し使用可能な電池。
燃料電池	活物質である水素と酸素を電池系外から連続的に供給して、負極および正極で電気化学反応を行わせつつ、電力を取り出し反応生成物である水も連続的に系外に取り出すエネルギー変換システム。

負極	－（マイナス）符号が付いている方の端子。電子が外部回路に流出する方の電極で電解液との界面では酸化反応が進行する。電流が外部回路から流入してくる方の電極。電池分野では陰極という言葉は使わない。
負極活物質	負極の起電反応のもととなる物質で強力な還元作用を持つ。リチウム、亜鉛、鉛などの金属が使われる。
物理電池	物理現象を利用して電気エネルギーに変える電池で、太陽電池、熱起電力電池、電気二重層キャパシタ、原子力電池などがある。
フロート充電	外部直流電源を用いて、電池を一定の電圧になるよう充電し続ける方法。電池は負荷と並列に接続されており、一定の電圧に保たれるので過充電が防止される。瞬断防止のUPS電源（無停電電源）に使われている。
放電	電池に負荷をつなぎ電流を流すこと。
放電持続時間	電池を定抵抗もしくは定電流で放電を行った時、その作動電圧が規定の終止電圧に到達するまでの持続時間。間欠放電の場合は正味の放電時間を積算する。
放電深度	電池の定格容量に対して取り出した容量の比をいい、百分率で表す。
放電容量	実際に放電した時取り出せる電気量、または放電した時の電気量。

ま行

メモリー効果

ニッケル・カドミウム二次電池、ニッケル・水素二次電池など正極活物質に水酸化ニッケルを使用するアルカリ系二次電池を完全放電せず、少し使用しては充電するような使い方をすると電池が過充電状態になり、作動電圧が低下して本来の容量が取り出せなくなる現象。完全放電と充電を数回くり返すと正常に近い状態に回復することが多い。
過充電により、ニッケル極内にγ－オキシ水酸化ニッケルの生成することが主原因である。正常な充放電過程では水酸化ニッケルとβ－オキシ水酸化ニッケルの間で充放電が行われている。

や行

容量

電池を放電してその端子電圧が終止電圧に低下するまでに取り出される電気量。通常アンペア・アワー（Ah）で表す。あるいは取り出しうる電気量をいう。

容量維持率

初期容量に対するそのサイクル時点の放電容量の割合を％で表したもの。充放電サイクル数が進んでも初期容量が長期にわたって維持される電池が優れている電池であるが、たとえ、クーロン効率が100％でも充放電サイクルをくり返すと徐々に容量が低下するのが一般である。リチウムイオン電池では、容量維持率が60％になった時をその電池の寿命としている。
容量維持率の低下は正極、もしくは負極活物質の結晶構造の破壊、溶解、活物質粒子の集電体からの脱落等による劣化や電解液の分解・枯渇化、活物質表面への放電生成物の付着・蓄積、セパレータの劣化、その他多くの原因が複雑に関わりあっており、電池種によって原因は異なる。正極、負極単独の充放電サイクル寿命、すなわち容量維持率を測定することも多い。
また、一次電池や充電状態の二次電池で時間が経過すると自己放電により初期容量より容量が少なくなる。このような場合も容量維持率で表現する。一般に充電状態の二次電池より一次電池の方が容量維持率が高かったが、最近の二次電池は、自己放電速度が小さくなり、容量維持率が改善されてきている。

理論エネルギー密度

電池から取り出せる電気エネルギーは電気量（放電容量）と電圧の積であり、電気量は外部回路を流れる電流と時間の積である。次式

$$-\Delta G = nFE_{\mathrm{cell}} \qquad (1)$$

で示されるギブス自由エネルギー変化がこの電池の取り出しうる最大エネルギー、すなわち最大放電エネルギーで理論エネルギー量である。nは電気化学反応に関与する電子数、Fはファラデー定数、E_{cell}は電池の起電力である。

F = 96,485C/mol = （96,485As/36,00s） h /mol= 26.8Ah/mol とし、nFE_{cell}をWhの単位で表し、これを電池反応に関与する正、負活物質のモル質量の総和で割った値を理論質量エネルギー密度（Wh/g）、活物質の体積で割った値を理論体積エネルギー密度（Wh/cm^3）という。したがって、理論エネルギー密度は(1)式右辺のnとE_{cell}が大きいほど、かつ活物質の式量や原子量が小さいほど大きくなる。

理論容量と利用率

活物質を放電した時、得られる容量の理論値（理論容量）はファラデーの法則によって(1)式で計算でき、通常その単位はmAh/gで表される。

$$\text{理論容量} = \frac{1000 \cdot nF}{3600M} = \frac{1000 \cdot 26.8nF}{M}\,(\mathrm{mAh/g}) \qquad (1)$$

ここで、nは反応の電子数、Mは活物質の原子量、分子量、または式量をg数で表したもの、Fはファラデー定数で96485C/molである。したがって、nの大きな物質、Mの小さな物質を選べば理論容量は大きくなる。実際の電池において活物質を100%使用できるわけではなく、理論容量（Q_0とする）より小さくなる。実際に取り出した電気量（放電容量）をQとする時、その割合（Q/Q_0）を%表示した値が活物質の利用率である。一般に放電電流を大きくすると利用率は低下する。

電池は一般に安全性、電池性能等を考慮し、正極と負極の活物質充填量が等しくなく、どちらかが少ない。したがって電池の理論容量は少ない方の活物質の理論容量で決まることになる。

連続放電	休まず続けて放電すること。
漏液	電池の外装面に電解液が染み出てくること。

英語

LIB	Lithium Ion Batteriesの略。 それぞれの単語の頭文字をとったもので、リチウムイオン電池のこと。
SEI	Solid Electrolyte Interfaceの略。 固体と電解質の界面のことで、それぞれの単語の頭文字をとっている。リチウムイオン電池では黒鉛（グラファイト）負極と電解液の界面（SEI）で電解液が分解し、黒鉛表面にリチウムイオンを選択的に透過するイオン選択性透過膜が生成する。この薄膜の良否により、電池の放電容量やサイクル寿命が影響を受ける。

付録1　電池によく使用される物質の化学式

物質名	化学式
亜鉛	Zn
硫黄	S
塩化亜鉛	$ZnCl_2$
塩化アンモニウム	NH_4Cl
塩化チオニル	$SOCl_2$
オキシ水酸化ニッケル	NiOOH
過塩素酸リチウム	$LiClO_4$
カセイカリ	KOH
カセイソーダ	NaOH
カドミウム	Cd
コバルト酸リチウム	$LiCoO_2$
酸化銀	Ag_2O （他にAgOもあるが、主に使われるのはAg_2O）
酸素ガス	O_2
シリコン	Si
水銀	Hg
水素イオン	H^+
水素ガス	H_2
水酸化カドミウム	$Cd(OH)_2$
水酸化ニッケル	$Ni(OH)_2$
水酸化物イオン	OH^-
炭素 （カーボン、グラファイト）	C
ナトリウム	Na

物質名	化学式
鉛	Pb
二酸化マンガン	MnO_2
二酸化鉛	PbO_2
ニッケル	Ni
フッ化黒鉛	(CF)n
βアルミナ	$Na_2O \cdot 11Al_2O_3$
有機溶媒 （右記の溶媒の中から、使い分けられている）	・エチレンカーボネート（EC） 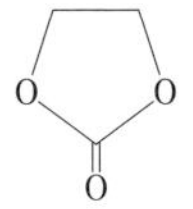 ・プロピレンカーボネート（PC） 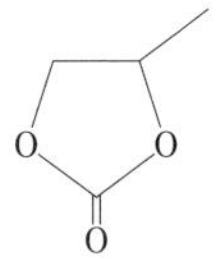 ・ジメチルカーボネート 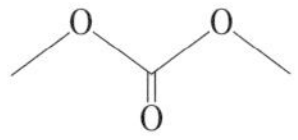 ・ガンマブチロラクトン 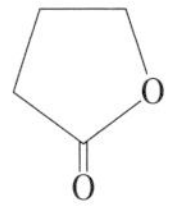
四フッ化リチウムホウ素	$LiBF_4$
硫酸	H_2SO_4
硫酸鉛	$PbSO_4$
六フッ化リチウムリン	$LiPF_6$

付録2　化学電池に使用される主な材料と部品

主な材料	部品
正極活物質	電池反応において電子を受け取る物質で、強い還元能力を持つ。二酸化マンガン、酸化鉛、酸化銀、塩化チオニル、空気（酸素）、コバルト酸リチウム、マンガン酸リチウム、硫黄などが使われている。
負極活物質	電池反応において電子を放出する物質で、強い還元力を持つ。亜鉛、鉛、ナトリウム、リチウム、水素などが使われている。
導電材	正極活物質には電子を通しにくい物質が多いので、その粉末に導電材を添加して電子を通りやすくする。アセチレンブラック、ケッチェンブラック、カーボンブラックなどの炭素微粉末が使われている。
バインダ（結着材）	活物質には粉末が多いのでこれを電極形状にするため、リチウムイオン電池などでは、これに導電材、バインダと溶媒を加えてスラリー状として、集電体箔に塗布して固定し薄い帯状の電極としている。バインダとしては、スチレンブタジエンコポリマーを水中に分散させた水系バインダ、ポリフッ化ビニリデンを1-メチル-2-ピロリドン溶媒に溶解させたものなどが使われている。
電解質溶液（電解液）	水、もしくは有機溶媒に電解質を加えたイオンの解離している液体のことで、電流を流れやすくする。電解質として水溶液系電池では、塩化亜鉛、水酸化カリウム、硫酸、非水系電池では過塩素酸リチウム、六フッ化リチウムリン、四フッ化リチウムホウ素、四塩化リチウムアルミニウムなどが用いられる。有機溶媒としてはプロピレンカーボネート、エチレンカーボネート、ジメチルカーボネート、ガンマブチルラクトン、塩化チオニルなどが目的に応じて使い分けられている。
セパレータ	正極と負極が直接電池容器内で接触しないように間に挿入されている薄膜で、クラフト紙（マンガン乾電池）、ガラス繊維マット（鉛蓄電池）、ビニロン、ポリプロピレン、ポリエチレン、ポリアミドなどの不織布（アルカリ水溶液系電池）、ポリエチレンやポリプロピレン微多孔膜（リチウムイオン電池）などが用いられている。いずれもイオンを通すための微細孔があいており、耐酸化性、還元性、耐薬品性が必要である。リチウムイオン電池では何らかの不具合で電池が発熱した時、このセパレータが融解して微細孔をふさぎ、イオンの流れを止めるという防御機能の役割も持っている。
集電体	活物質内から外部に、または外部から活物質に電流を流す役割で、マンガン乾電池では炭素棒（正極）、アルカリマンガン乾電池では黄銅線（負極）、ボタン形電池、コイン形電池では電池容器自身が集電体となっている。リチウムイオン電池では正極にアルミ箔、負極に銅箔が用いられ、これに活物質が薄く塗布されている。
電池容器	発電システム、すなわち正、負活物質、電解質溶液などを収納する容器。
PTC素子	リチウムイオン電池に設置されている温度ヒューズで、何らかの不具合によって電池が発熱した時、抵抗値が増加して電流が流れないようにし、温度上昇を防ぐ。
安全弁	二次電池が何らかの不具合で過充電、または過放電が進み、電解液が分解した時、ガスが発生し電池内部圧力が上昇することがある。その際、電池の破裂を防ぐため、内圧がある一定以上になるとガスを放出して内部圧力を低くするため、圧力弁が設置されている。

索　引

英数字

NaS電池 …… 95
n型半導体 …… 138,140
p型半導体 …… 138,140
RI発電器 …… 165
VVVF …… 108
βアルミナ …… 95,186

ア行

アイソトープ電池 …… 165
圧電変換方式 …… 165
アポロ宇宙船 …… 123,127
アルカリ形 …… 122
アルカリ形燃料電池 …… 110,123,127
アルカリ乾電池 …… 15,48,62,74
アルカリ金属熱変換方式 …… 165
アルカリボタン電池 …… 66
アルカリマンガン乾電池 …… 62,74,187
アンチモン合金格子 …… 42
アントニー・カースル …… 29
イオン化傾向 …… 31,56,150
一次電池 …… 20,48,52,73,174
一次電池の規格 …… 70
イトカワ …… 110
インバータ回路 …… 108
ウイリアム・R・グローブ …… 117
ウイリアム・ニコルソン …… 29
宇宙衛星 …… 110
宇宙探査機 …… 166
永久磁石形同期モータ …… 107
液相 …… 130
エネルギー …… 18,117,165
塩化亜鉛 …… 39,186
塩化アンモニウム水溶液 …… 37
オキシ水酸化ニッケル …… 87,180
温度ヒューズ …… 102,187

カ行

カール・ガスナー …… 38
回生ブレーキ …… 108
化学電池 …… 19,177
過充電 …… 100
ガスナー …… 127
ガス抜き弁 …… 46
ガス排出弁 …… 93
活性炭 …… 151
活物質 …… 41
カドミウム …… 48
可変電圧可変周波数制御 …… 108
過放電 …… 101
ガルバーニ …… 27
還元反応 …… 35
乾電池 …… 36,54
気相 …… 130
逆潮流 …… 158
キャリア …… 138
キュリウム …… 165
希硫酸 …… 32,81
空気亜鉛電池 …… 48
空気極 …… 119
空乏層 …… 139
系統連系 …… 159
ケーニッヒ …… 25
原子力電池 …… 165
公称電圧 …… 60,179

光電変換効率…… 157
光電変換方式…… 165
小型シール鉛蓄電池…… 48
固相…… 130
固体高分子形…… 122
固体高分子形燃料電池…… 124
固体酸化物形…… 122,128
固体電解質…… 96
コバルト…… 48
コバルト酸リチウム…… 91,180

サ行

サルフェーション現象…… 86
酸化銀電池…… 16,48,65
酸化反応…… 35
三相界面…… 130
自己放電…… 73,181
島津源蔵…… 42
使用時間…… 73
使用推奨期限…… 73
使用済み電池の廃棄とリサイクル…… 48
心臓ペースメーカー…… 167
水銀…… 74,186
水酸化カリウム水溶液…… 63,127,187
水酸化ナトリウム…… 115
水酸化ニッケル…… 89,102
水素イオン…… 32,82,186
水素ガス…… 74,128,186
水素吸蔵合金…… 88,90,128
スタック…… 129
ストロンチウム…… 165
正孔…… 138
生物電気…… 26
ゼーベック効果…… 144
セパレータ…… 58,187
セリウム…… 165
センサレス制御…… 108
ソーラーパネル…… 161

タ行

ダイオード…… 142
帯電…… 33
太陽電池…… 17,136
太陽電池モジュール…… 157
多硫化ナトリウム…… 96
デーヴィー…… 127
テトラエチルアンモニウム過塩素酸塩…… 152
電解液…… 45,82,100,187
電気自動車…… 16,105
電気自動車と制御…… 105
電気二重層キャパシタ…… 149,182
電極製造技術…… 129
電子…… 30
電池の安全な使い方…… 45

ナ行

ナトリウム・硫黄電池…… 95
鉛イオン…… 82
鉛蓄電池…… 42,80,127
二酸化鉛…… 41,180
二酸化マンガン…… 38,69,186
二次電池…… 40
二次電池の規格…… 98
二次電池の寿命と劣化…… 100
二重波形可展面…… 161

ニッケル……48,88,186
ニッケル・カドミウム二次電池……42
ニッケル・水素二次電池……87,101
ネオジム……107
熱イオン変換方式……165
熱起電力電池……143
熱電効果……144
熱電変換素子……147,165
熱暴走……101
燃料改質器……124
燃料極……119
燃料電池……114,127,181

ハ行

バインダ（結着材）……187
バクダッド電池……25
白金……127
白金触媒……128
発光ダイオード……142
バッテリー……80
はやぶさ……110
パルス負荷……154
パワーコンディショナ……159
ハンフリー・デービイ……29
光起電力効果……136
ヒ素……138
フェライト磁石……107
フェリィ……151
フォトダイオード……142
物理電池……21,135
プラスイオン……30
プランテ……127
プランテの電池……41
プルトニウム……165
プロピレンカーボネート……152,186
分極作用……37
ベーコン……127
ベクトル制御……108
ベッカー……151
ヘルセンス……127
ペルチェ効果……145
ヘレセン……38
放射性同位体……165
放射性物質……166
ホウ素……138
放電曲線……110
ホール……138
保存方法……73
ボタン電池……66
ボルタ……28
ボルタの電堆……29
ボルタの電池……35

マ行

マイナスイオン……30
マンガン乾電池……28,57,127
ミウラ折り……161
水の電気分解……29,115
無水銀化……74
無停電電源装置……80
メタノール燃料電池……122
メモリー効果……101,183
木炭電池……35

ヤ行

屋井先蔵……38,127
有機電解液……91
溶融炭酸塩形……122,128
吉村パターン……163

ラ行

ラジオアイソトープ電池……165
ランタン……88
リチウムイオン電池……91,100,185
リチウムイオン電池の安全性……103
リチウム一次電池……46
リチウム電池……48,68
硫化水素……97
硫酸……152
硫酸イオン……32
硫酸鉛……84
リン酸形……122
リン酸形燃料電池……124
ルクランシェ……36
ルクランシェ電池……36,127

〈著者略歴〉

藤瀧 和弘（ふじたき かずひろ）

東京都立職業能力開発センター 非常勤講師
電気工事士試験情報サイト「かずわん先生の電気工事士技能試験教室」を運営
〈主な著書〉
『図解入門よくわかる電気の基本としくみ』
『図解入門 よくわかるシーケンス制御の基本と仕組み』
以上、秀和システム（2004年）
『マンガでわかる電気』オーム社（2006年）
『マンガでわかるシーケンス制御』オーム社（2008年）
『一発合格第２種電気工事士技能試験公表問題』
『ぜんぶ絵で見て覚える 第２種電気工事士筆記試験すい~ っと合格』
『一発合格第1種電気工事士技能試験公表問題』
『第２種電気工事士筆記要点マスターすい~ っと合格ハンディー』
以上、電波新聞社
『電気回路がよくわかる（絵で見てなっとく！）』技術評論社（2011年）

佐藤 祐一（さとう ゆういち）

東北大学大学院理学研究科修士課程（化学専攻）修了（1964）、東京芝浦電気株式会社(現(株)東芝)、東芝電池株式会社、神奈川大学教授を経て蘇州大学客座教授、神奈川大学名誉教授
〈主な著書〉
『ユーザーのための電池読本』共著、電子情報通信学会（1988年）
『Electrochemical Reactors：Their Science and Technology』分担執筆、Elsevier Science Publishers（1989年）
『現代の電気化学』編著、新星社（1990年）
『化学と社会』分担執筆、岩波書店（2001年）
『電気化学の基礎と応用』共著、朝倉書店（2003年）
『ある工学部応用化学科の風景』新風社（2005年）
『キャパシタ便覧』編著、丸善（2009年）
『Memory Effect』Encyclopedia of Electrochemical Power Sources, Vol. 4, Elsevier（2009年）
『電池ハンドブック』分担執筆、オーム社（2009年）
『研究室の窓から』皓星社（2010年）

●マンガ制作　株式会社トレンド・プロ／ブックスプラス

マンガやイラストを使った各種ツールの企画・制作を行なう1988年創業のプロダクション。日本最大級の実績を誇る株式会社トレンド・プロの制作ノウハウを書籍制作に特化させたサービスブランドがブックスプラス。企画・編集・制作をトータルで行なう業界屈指のプロフェッショナルチームである。

TRENDPRO BOOKS　http://www.books-plus.jp/

東京都港区新橋2-12-5 池伝ビル3F
TEL：03-3519-6769　FAX：03-3519-6110

●シナリオ　熊谷雅人（くまがい まさと）
●作　　画　真西まり（まにし まり）
●Ｄ Ｔ Ｐ　株式会社イーフィールド

マンガでわかる電池

平成 24 年 3 月 23 日　　第 1 版第 1 刷発行

著　者　藤瀧和弘・佐藤祐一
作　画　真西まり
制　作　トレンド・プロ
企画編集　オーム社 開発局
発行者　竹生修己
発行所　株式会社オーム社
郵便番号　101-8460
東京都千代田区神田錦町 3-1
電話　03(3233)0641(代表)
URL　http://www.ohmsha.co.jp/

印刷・製本　エヌ・ピー・エス
ISBN978-4-274-06877-5　Printed in Japan

好評関連書籍

マンガでわかる電気

藤瀧和弘 著
マツダ 作画
トレンド・プロ 制作

B5 変判 224 頁
ISBN 4-274-06672-X

マンガでわかる電気回路

飯田芳一 著
山田ガレキ 作画
パルスクリエイティブハウス 制作

B5 変判 240 頁
ISBN 978-4-274-06795-2

マンガでわかる電子回路

田中賢一 著
高山ヤマ 作画
トレンド・プロ 制作

B5 変判 186 頁
ISBN 978-4-274-06777-8

マンガでわかる半導体

渋谷道雄 著
高山ヤマ 作画
トレンド・プロ 制作

B5 変判 200 頁
ISBN 978-4-274-06803-4

マンガでわかるシーケンス制御

藤瀧和弘 著
高山ヤマ 作画
トレンド・プロ 制作

B5 変判 210 頁
ISBN 978-4-274-06735-8

マンガでわかる電磁気学

遠藤雅守 著
真西まり 作画
トレンド・プロ 制作

B5 変判 264 頁
ISBN 978-4-274-06849-2

マンガでわかる電気数学

田中賢一 著
松下マイ 作画
オフィス sawa 制作

B5 変判 268 頁
ISBN 978-4-274-06819-5

マンガでわかるフーリエ解析

渋谷道雄 著
晴瀬ひろき 作画
トレンド・プロ 制作

B5 変判 256 頁
ISBN 4-274-06617-7

◎品切れが生じる場合もございますので、ご了承ください。
◎書店に商品がない場合または直接ご注文の場合は下記宛にご連絡ください。
TEL.03-3233-0643 FAX.03-3233-3440 http://www.ohmsha.co.jp/